"十三五"部委级规划教材

西洋服装史

吴妍妍　主编

中国纺织出版社

内 容 提 要

本书的编写是针对服装史课程教学并基于兼顾服饰设计开发与指导的考虑，以图文并茂的形式对服装发展史中每个时期的服饰文化发展与服装特点做了相对完整的介绍。同时，还着重从新的角度介绍了20世纪服饰发展的多元化趋势，这也体现了本书区别于其他服装史类教材的亮点。本书适应目前服装设计专业教学的发展趋势，尝试从不同的新角度来介绍、诠释服饰发展的规律与变化，为学习和了解服饰文化乃至挖掘服装设计的灵感提供了有效的途径。

本书既可作为服装相关院校师生专业的教材，也可供服装爱好者参考、阅读。

图书在版编目（CIP）数据

西洋服装史/吴妍妍主编. --北京：中国纺织出版社，2018.5（2022.1重印）

"十三五"部委级规划教材

ISBN 978-7-5180-4956-1

Ⅰ．①西⋯ Ⅱ．①吴⋯ Ⅲ．①服装–历史–西方国家–高等学校–教材 Ⅳ．①TS941-091

中国版本图书馆CIP数据核字（2018）第083234号

责任编辑：宗　静　　特约编辑：邹婉晴
责任校对：楼旭红　　责任印制：何　建

中国纺织出版社出版发行
地址：北京市朝阳区百子湾东里A407号楼　邮政编码：100124
销售电话：010—67004422　传真：010—87155801
http://www.c-textilep.com
E-mail：faxing@c-textilep.com
中国纺织出版社天猫旗舰店
官方微博http://weibo.com/2119887771
唐山玺诚印务有限公司印刷　各地新华书店经销
2018年5月第1版　2022年1月第2次印刷
开本：787×1092　1/16　印张：8
字数：118千字　定价：58.00元

前言

　　"时尚"既是服饰发展变化进程中一个具有生命的精灵，也是社会变革与审美观念变迁的一面镜子。在西方服饰历史发展的进程中，每个时代都有不同特征的"时尚"，每次不同"时尚"的变迁都揭示着服饰的发展与变化。"时尚"映射着不同时代的社会风貌，也蕴含着历史与文化积淀。"时尚"是通往服饰历史的一道曲径，"时尚"也是开启探寻和发现服饰发展变化的一把钥匙。无时不有、无处不在的时尚，与服饰发展和演变的漫长历史有着千丝万缕的内在联系。在服饰发展的历程中，不同历史时期的"时尚"不但引领或影响着着装的潮流，展现了新奇多变的精灵特征，也蕴含了更多深刻的渊源与联系。

　　服饰发展变革的历史，可以折射出人类文明的缘起与变迁，不同历史时期的服饰文化也都涵盖和折射出了各个不同时代的政治、宗教、经济以及人文发展。人们怎么样和为什么要穿着不同风格、款式的服装，要佩戴不同的饰物，要搭配不同的发型和妆容，究其本源，其中有太多不同社会条件下人文的、心理的传承与积淀。本书以西方历史发展的基本脉络为主线，结合不同历史时期的政治、经济以及宗教背景，力求通过服装的演变探究不同着装方式的缘由，发现和总结不同服饰文化的发展过程，并以此为基点分析未来服饰发展的趋势。

　　本书在介绍服饰缘起及发展变化的同时，还着重以近现代服饰发展和演变的基本脉络为线索，从新的角度介绍了 20 世纪服饰发展的多元化趋势。这个阶段服饰文化的发展和变化，由于受到了主流、非主流不同文化现象的影响，呈现出更加多元化发展的面貌。不同性质的文化现象都对现代时装业的发展与成熟起着非常重要的作用。其中值得一提的是 20 世纪中期以后，各种源自西方的亚文化服饰风格已经无处不在。这种街头的、猎奇的、叛逆的亚文化现象不但很大程度上影响了现代时装业的流行趋势，也为服饰设计文化的走向提供了更加丰富的依据。在相关服装史类的教材中，对于这个部分的介绍少有涉及，既缺乏相应的归纳与总结，内容也相对匮乏。本书对 20 世纪最流行和最具代表性的街头服饰风格进行了归纳，并追溯了其形成与发展过程。这部分内容体现了本书区别于其他服装史类教材的特点与亮点，同时也填补了国内相关领域对于 20 世纪服装史研究的空白。

　　纵观中外服装设计艺术专业的教学，西洋服装史课程历来是服装设计类专业教学体系中重要的组成部分。本书的编写基于近些年来本人对于西洋服装史的研修以及任教西洋服装史课程的总结，并结合目前国内服装专业教学现状完成的。出于对服装史课程教材兼顾服饰设计开发与指导的考虑，本书以图文并茂的形式，对服装发展史中每个时期的服饰文化发展与服装特点做了相对完整的介绍，提供了丰富的图片资料。为了适应目前服装设计专业教学的发展趋势，本书尝试从新的角度来介绍、诠释服饰发展的规律与变化，为学习和了解服饰文化乃至挖掘服装设计的灵感提供了有效的途径。

　　由于篇幅所限，本书对各历史时期服饰文化的介绍不可能面面俱到，但作者力求通过本书提供的线索，将历史、文化、着装观念等不同层面的重要信息传递给读者。本书既可以作为服装史教材使用，也可以作为服装设计师的辅助资料使用。

作　者

2017 年 6 月

教学内容及课时安排

章/课时	课程性质/课时	节	课程内容
第一章 （8课时）	基础理论 （48课时）		• 古代的服饰
		一	服饰的起源
		二	两河流域服饰
		三	古代埃及服饰
		四	古代希腊服饰
		五	古代罗马服饰
第二章 （8课时）			• 中世纪的服饰
		一	拜占庭帝国的服饰
		二	5～10世纪的欧洲服饰
		三	11～12世纪的欧洲服饰
		四	13～15世纪的欧洲服饰
第三章 （12课时）			• 近世的服饰
		一	文艺复兴时期的服饰
		二	巴洛克时期的服饰
		三	洛可可时期的服饰
第四章 （12课时）			• 近代的服饰
		一	新古典主义时期的服饰
		二	浪漫主义时期的服饰
		三	新洛可可时期的服饰
		四	巴斯尔及S型时期的服饰
第五章 （8课时）			• 现代的服饰
		一	多元化的开端
		二	主流与非主流交织的20世纪

目录

基础理论——

古代的服饰

课题名称：古代的服饰

课题内容：1. 服饰的起源

2. 两河流域服饰

3. 古代埃及服饰

4. 古代希腊服饰

5. 古代罗马服饰

课题时间：8课时

教学目的：使学生了解西方服饰的起源，掌握早期古代服饰在不同时期、不同地域的风格和特点。

教学方式：理论讲授、多媒体课件播放。

教学要求：1. 了解服饰起源的原因和特征。

2. 了解社会与地理、人文背景。

3. 掌握早期古代服饰不同的风格和特点。

第一章　古代的服饰

第一节　服饰的起源

一、衣服的起源

人类为何从裸体状态发展到用服装来装饰身体的状态，是研究人类服饰起源最根本的问题。大部分的服饰起源学说都将人类最初的穿衣目的归结为人类"羞耻心"观念的出现。但是，对于某些民族来说，实际上并没有过用衣服来掩盖裸体的观念，他们沿袭着人类出生时的本来面目，这个事实就说明所谓"羞耻心"观念不是服饰起源的唯一依据。那么，从某种程度上讲，正是因为有了用衣服装饰身体的行为后，人类才认为所谓的"裸体"是羞耻的。最初的衣服可以在天气寒冷和炎热时保护身体，可以在受到外敌侵犯时保护身体不受伤害。人类的服饰因为地域和文化的不同，也因为各种其他的原因慢慢地发生着变化与变迁。所以服装的起源在保护身体这种最普通的学说之外应该还有更具意味的其他深层次的理由。从服装社会学的角度来看，也有"着衣文化"是衡量人类文明进步的尺子的说法。随着人类文明的发展，"裸是羞耻的"观念逐渐形成，作为人类着衣行为文明化的象征与符号。

对于身体的装饰方式大概可以分为两种。一种是所谓"裸装"的方式。也就是指在人体皮肤上直接进行装饰或者改变体型的方式。另一种方式则是通过服装以及各种各样的服饰品装饰身体的方法。前者的"裸装"方式有着很深的护身符、巫术、对敌威胁的内在含义。热带原住民用白土、黄土、红土以及一些植物染料来改变皮肤的颜色（图1-1）。如图1-2所示，黄色人种（比如印度人等）用文身或刺青的方法对身体进行装饰，有的文身图案从颈部一直遍及全身直到脚踝。而肤色较深的中非或大洋洲的原住民则故意在皮肤上制造出特殊的伤痕以达到装饰身体的目的。另外，中非地区的原住民也有将烧制处理过的圆形木制盘状物放在嘴唇上扩大唇形的风俗。如图1-3所示，女子从10岁左右起在口中放入大小不等的盘状物作为美的象征。缅甸东部的巴东族则有在女子脖子上套上很多的铜质项圈拉长脖子的习俗。如图1-4所示，女子从10岁起开始往脖子上戴金属环，环越多象征着越美。不得不感叹这些超越了人类一般思维方式的装饰身体的方法。

另一方面，人类到底是从何时起用服饰来装饰身体的呢？从西洋服饰起源的角度，最早的用服饰装饰身体的例证是尼安德特人。作为现代人始祖的尼安德特人，在公元前10万年到5万年左右经历了第四冰河纪，那个时候他们用野兽的皮毛包裹身体来抵御严寒，同时还用茶色或者褐色改变身体的颜色。除此之外，在公元3万~4万年前，从奥瑞纳文化期到马格德林文化期，人类已经开始穿着绳编式的衣服或者围裙式的腰衣。

图 1-1　巴布亚新几内亚原住民的脸部彩绘

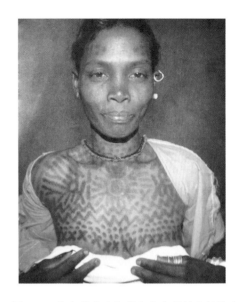

图 1-2　印度的比哈尔州和中央州的女性纹身

图 1-3　埃塞俄比亚西南部到苏丹南部原住民
　　　　女性的嘴部装饰

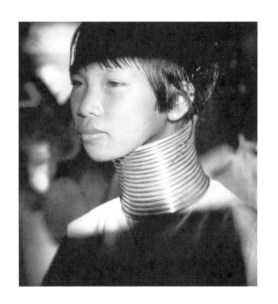

图 1-4　缅甸克扬族女子的长颈装饰

二、衣服的基本型

据考证，人类服装的材料从兽皮变成布，是在第四冰河纪末期逐渐形成的。由于地球变得越来越温暖，人类从狩猎、采集的游牧生活逐渐演变成了定居式的农耕生活。最初，人类使用蔓草、柳、藤、桑、麻等植物的茎和皮制成非常细的丝状物来制作服装，最具代表性的就是亚麻。从埃及的开罗出发至尼罗河上游 100 公里处的法尤姆❶遗址中发现了世界上最古

❶ 法尤姆：阿拉伯语。法尤姆遗址位于埃及中北部，是法尤姆省的首府。该城建于约公元前4000年，是埃及以及非洲最古老的城市。

老的亚麻织物（大约在公元前4500年左右）。与麻类材料不同，对于一些羊毛、棉类的短纤维材料，要想将其制成长纤维的服装材料就必须要对其进行一定的纺或织的处理。因为这样的原因纺锤被人们发明。在北美索不达米亚文明遗址中发现的纺锤车据考证出现在公元前5000年左右，是世界上最早的纺车。有了基本的制作长纤维的技术，那么将经丝以垂直方向，将纬丝以90度与经丝成直角的方向交错相织就形成最早的织物。

有了织物以后，人类就开始用这些织物设计和创造出各种各样的服装。服装由于气候、水土以及人类所属的社会、宗教条件的不同，而呈现出了各种各样的形态与样式。服装原型的基本形式从缠腰布向卷衣、贯头衣、体形衣的形式转化。最初的服装形态基本上分为以下几类。

1. 腰布型

就是在腰部周围用绳子或布缠绕对身体加以覆盖的服装形式。例如古代埃及的罗印·克罗斯褶裥裙（Lion cloth）、现在赤道附近热带原住民的一些服饰。

2. 卷衣型

就是用一块布从肩部向手臂悬挂并在腰部缠绕悬垂的服装形式。例如，古代希腊的希顿（Chiton、Khiton）、希玛纯（Himation）和古代罗马的托加（Toga），现在著名的印度传统服饰纱丽。

3. 贯头衣型

即用一块布在前后左右的中央挖孔，将这块布从头部套下并使布垂在身体前后的服装形式。贯头衣一般在腋下缝合，通过手臂的形来制作出所谓的袖子，丘尼卡（Tunic）就是其代表性的服装。例如，古代希腊的佩普洛斯（Peplos）以及现在的T恤衫和套头衫都属于贯头衣的形式。

4. 前开衣型

在贯头衣形式的基础上，在前衣身上开缝。一般分为对襟和偏襟两种。例如，土耳其的长衫以及东方国家中国、日本、韩国的传统服装都属于前开衣型的服装。

5. 体形衣型

就是服装按照人体本身的造型来对身体进行包裹的服装形式。以二部式的形式将带有衣身和袖子的上衣与下半身的裤子分开。

第二节　两河流域服饰

两河流域文明也被称作美索不达米亚文明（Mesopotamia）。美索不达米亚文明是古希腊对两河流域的称谓，意为"（两条）河流之间的地方"。这两条河指的是幼发拉底河和底格里斯河。在两河之间的美索不达米亚平原上产生和发展的古文明称为两河文明或美索不达米亚文明。它大体位于现今的伊拉克，其存在时间从公元前6000年到公元前200年，是人类最早的文明。由于这两条河流每年的泛滥，所以下游土壤肥沃，富含有机物和矿物质，但同时该地区气候干旱缺水，因此当地人公元前 6000 年就开始运用灌溉技术。灌溉为当地带来了大规模的人力协作和农业丰产。经过数千年的演化，美索不达米亚地区于公元前 2900 年左右逐渐出现了成熟的文字，同时周边众多城市兴起，逐渐形成了最初的农业社会体系（图 1-5）。

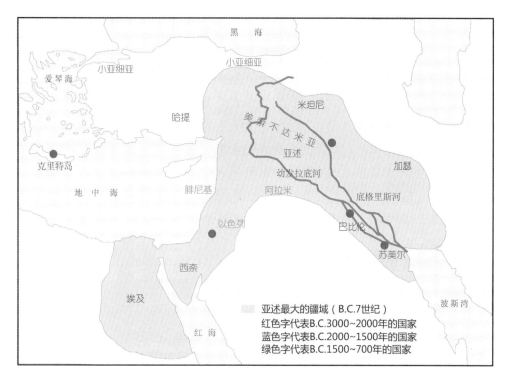

图 1-5 古代两河流域

由于美索不达米亚地处平原且周围缺少天然屏障，所以在几千年的历史中有多个民族在此经历了交汇、入侵、融合的过程。比如苏美尔人、阿卡德人、阿摩利人、亚述人、埃兰人、喀西特人、胡里特人、迦勒底人等。这些民族先后进入美索不达米亚平原地区，先经历了史前的欧贝德、早期的乌鲁克、苏美尔和阿卡德时代、古提王朝，新苏美尔时期的拉格什第二王朝，乌鲁克和乌尔第三王朝，后来又建立起先进的古巴比伦和庞大的亚述帝国。迦勒底人建立的新巴比伦将美索不达米亚古文明推向鼎盛时期，但随着波斯人和希腊人的先后崛起和征服，已经辉煌了几千年的文字和城市逐步消逝。直到 19 世纪中期，伴随考古发掘的开始和亚述学的兴起，越来越多的实物相继出土。同时，楔形文字逐渐被破解，尘封了 18 个世纪的美索不达米亚古文明才慢慢呈现在当今世人面前。

美索不达米亚地区的各个民族是受到幼发拉底河和底格里斯河流域肥沃土壤滋润的民族。美索不达米亚地区基本由沙漠、山峦和大海环绕而成，其西边是叙利亚沙漠，北部是土耳其的托罗斯山脉，东部是伊朗的扎格罗斯山脉，南边濒临波斯湾。幼发拉底河和底格里斯河分别发源于叙利亚东部和土耳其北部的山脉和高地，随后几乎平行地向南流入波斯湾，沿两岸形成的冲积平原就是美索不达米亚平原。以今天的巴格达为界，可将美索不达米亚地区分为南北两部分，即北部的亚述和南部的巴比伦尼亚。划为亚述的北部地形为高地，自然资源和降雨相对丰富。以这里为中心，在公元前 1600 年产生了名为亚述的军事帝国。而划为南方的巴比伦尼亚地形为低地，缺乏石头、木材、金属之类的材料。此地年降雨量不足 200 毫米，当地人们通过灌溉进行农业生产，丰收的农产品使城市得以发展。此地区于公元前 3500 年左右形成了苏美尔文明，其中包括初期的乌鲁克城市文明、早王朝时期和阿卡德帝国。到了公元前 2000 年左右，苏美尔文明一度衰落，南方后来兴起的巴比伦继承了苏美尔的文明，并成为该地区的中心城市。因为美索不达米亚地区的地理特点，石材非常缺乏，因此现存能在石雕上看到的服饰方面的资料远比古希腊时期少得多。

美索不达米亚文明的社会中以发达的畜牧、农业著称。因此食品、服饰品、家畜等在当时都属于贵重财产，这些东西的所有权由以男人为主的男权社会来掌握和控制。女性从属于男性的社会地位因而逐渐清晰，女人的容貌越来越成为体现女性价值的重要条件和标准。

这个地区也是世界上最早出现毛织物的地区。公元前 2000 年左右，地中海诸国间的贸易交流也是从毛织物的买卖开始的。随着贸易交流的发展，从埃及传入的麻、从印度传入的棉、从丝绸之路传入的中国丝绸，都丰富了欧洲的服饰材料。

一、苏美尔服饰

苏美尔文明是目前发现于美索不达米亚文明中最早的文明，是当今人类早期产生的文明之一。苏美尔文明主要位于美索不达米亚地区的南部。苏美尔文明的开端可以追溯至距今 6000 年前，在距今约 4000 年前结束，被闪族人建立的巴比伦所代替。苏美尔人服装的最大特点就是男女同制同形。"卡吾拉凯斯"（Kaunakes）是古代苏美尔人所穿的一种典型服装（图 1-6）。当时，苏美尔人用一种被称为卡吾拉凯斯的衣料制成腰衣缠绕身体，或缠一周，或缠几周，由腰部垂下掩饰臀部。因此，这种服饰就使用这种衣料的名字来命名，都叫卡吾拉凯斯。这种特殊的衣料今天已无实物可考，只能从考古出土的雕刻中分析大致结构。这种服饰上有非常明显的"流苏"样的装饰，目前史学界对这种流苏结构的分析存在分歧。有的观点认为这种流苏结构是在毛织物或皮革的表面固定上呈束状的毛线；有的观点则认为这种

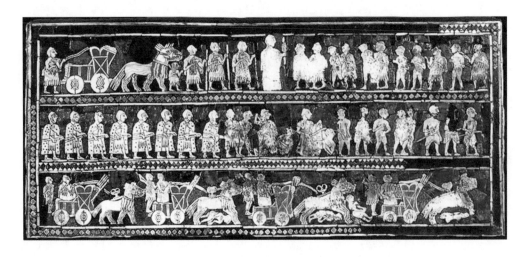

图 1-6　苏美尔初期壁画（公元前 2600 年左右）

衣料是一种类似于仿羊皮（毛）外观的布料；也有的观点认为那些流苏状的装饰就是羊皮上的毛。如图1-7所示，这种明显的穗状装饰就是苏美尔服饰显著的特征。这种带流苏的裹身圆式裙衣的款式也有所不同，有的下垂至小腿并在后背左侧相交，用几个扣结固定。另外，裙衣上的穗状垂片也长短不一，有的又宽又长，有的则很窄。这种衣饰对后世时装中的"流苏式"装饰有一定影响。

图1-7 在马里的伊什塔尔神庙出土的石像（公元前2600年左右）

苏美尔的男子服装最常见的式样是腰布形式的服装。这种腰布式服装基本是用三角形织物绕身包缠，在腰间扎紧并在身体上形成参差不齐、错落相间的层次。这种缠腰布式样的服饰被称为罗印·克罗斯（Loin Cloth）。而苏美尔时期的罗印·克罗斯大多使用特殊的卡吾拉凯斯衣料来制作。苏美尔的女子服饰也多用卡吾拉凯斯衣料来制作，款式与男性服饰大体相同，一般以带袖的长款全身衣为主，面料多为亚麻和羊毛。这种女性服饰也可视作为一种裙装，名为"罗布"（Robe）。从苏萨出土的公元前4000年的亚麻碎布分析，当时的纺织水平甚至超过了现代技术。

二、巴比伦服饰

古巴比伦位于美索不达米亚平原，大致在当今的伊拉克共和国版图内。在距今5000年前左右，这里的人们建立了国家，到公元前18世纪这里出现了古巴比伦王国。古巴比伦王国也是四大文明古国之一。在这个平原上出现了西方世界上第一个城市，颁布了第一部法典，同时也出现了最早的史诗、神话、药典、农人历书等，是西方文明的摇篮。目前，在两河流域发现的最早的古文明距今已有6000多年。虽然古巴比伦文明现已消失，但其在很多方面的影响（尤其宗教方面）很多还留存至今。

图1-8 巴比伦的卡吾拉凯斯

这个时期的男子服饰与苏美尔人的卡吾拉凯斯不同，古巴比伦人的服装是用一种边缘镶有装饰的长方形布来包裹缠绕身体。这种服饰的穿着方式是先将长方形的布在身体上缠绕包裹，再将布包裹住左肩并垂下，右肩则裸露在外面（图1-8）。这个时期的男子还经常使用头巾或者一种镶有毛皮边缘的卷边帽子。女子的服饰则是穿着带有卡吾拉凯斯的装饰长袍，也是与男人一样几乎露出右肩的穿着方式。

公元前1792年，巴比伦尼亚成为巴比伦第一王朝的首都。这个时期的男子服饰最常见的形式是将带有边缘装饰的卡吾拉凯斯成螺旋状缠绕在身体上。另外，男子还经常用带有卡吾拉凯斯装饰的卷衣搭在肩膀上来使用，脖子上还经常用金属制的颈饰来加以装饰。女子的服饰在巴比伦后期，基本上为身长较长的丘尼克（Tunic）和披肩。丘尼克的袖子非常合体，将胳膊的肘部以上部分完全包裹住，衣服的下摆上有卡吾拉凯斯装饰的荷叶边，上半身会使用非常大的披肩缠绕在腰上并用腰带固定。

三、亚述服饰

亚述（Assyria）也是兴起于美索不达米亚地区的国家。公元前8世纪末，亚述逐步强大，先后征服了小亚细亚东部、叙利亚、腓尼基、巴勒斯坦、玛代王国、巴比伦尼亚、埃兰和古埃及等地，设都于尼尼微（今伊拉克摩苏尔附近）。亚述人在两河流域古代历史上频繁活动的时间前后约有2000年，后来亚述人失去了霸主地位，不再有独立的国家了。在两河文明的几千年历史上，亚述可以说是历史延续最完整的国家。历史学家掌握有从大约公元前2000年开始到前605年连续的亚述国王名单。虽然1000多年之间，亚述有时强大，有时衰落或沦为他国的属地，但作为独立的国家和相对独立地区的亚述是一直存在的。直到公元前900年前后，亚述国家突然空前强大，成为不可一世的亚述帝国，然后于公元前605年最终灭亡，而亚述国家也随之消失。但亚述民族仍然顽强地在其祖居地生活至今，当今的亚述人是信奉各东方礼教会的基督徒，讲现代阿拉米语。亚述历史上国王大都好战，带领着军队远征到很远的地方。在文化方面主要沿袭了巴比伦的文化特点，同时新王国时代受到埃及文化的影响。

亚述人服饰的最大特点就是细致而精美的边饰。其实这些服装的边饰最初的作用只是为了防止服装边缘破损，但是后来这些边饰却成了重要的装饰手段（图1-9）。亚述人非常重视和讲究这些服装上的边饰，因此就出现了各种不同方式和长度的装饰性边饰。由于亚述民族是北方民族，因此带有合体袖子且长至脚踝的丘尼克，并且配以带有精美边饰卷衣的形式是亚述男子最常见的穿着方式。卷衣的样式和披裹方式因为时代的不同而有差异。从亚述·纳西尔·帕二世到萨尔贡二世时期，国王使用的卷衣，以从左肩至腰部呈螺旋状的方式来披挂。亚述·纳西尔·帕二世时期披肩的长度较短，披肩的披挂方式也非常多。亚述人的鞋子是一

种类似于凉鞋的可以将脚跟覆盖住的鞋子。亚
述人还有专门用来烫头发和胡须的专用的烙
铁（卷发器），他们有将头发或胡须烫成螺旋
状作为装饰的习惯。亚述女子服饰的样式基本
上与男子服饰一样，女子穿的丘尼克比男子的
长度略长些，有独特的裁剪而且缠绕方式也非
常精心。同时搭配卷衣，佩戴很重的项圈、耳
环、手镯，穿着镶着宝石的绿色皮质鞋。

四、波斯服饰（阿契美尼斯王朝）

阿契美尼德帝国（前550年—前330年），
又称波斯第一帝国，是波斯首个把领土扩张到
大部分中亚和西亚领域的王朝，也是第一个横
跨欧亚非三洲的帝国。领土东至印度河，西北
至小亚细亚半岛、欧洲的巴尔干半岛，西南至
埃及。亚述文明没落后，新巴比伦王国逐渐被
印度和欧洲语族的波斯人征服。阿契美尼德王

图1-9　亚述人服饰

朝的创建者为阿契美尼斯。公元前539年，巴比伦城陷落，居鲁士二世入城，并握住巴比伦
守护神马尔杜克塑像的手，以表示愿意以巴比伦人的身份来统治这个地方。自此，阿契美尼
德王朝的势力扩至埃及边界。

参观波斯王朝的各时期的宫殿遗址，能看到波斯波利斯（Persepolis）、苏萨（Shush）、
巴比伦等不同风格的建筑遗迹。由此可以看出这个民族的包容性很强，可以很好地吸收融合
其他民族的文化，这也是阿契美尼德王朝波斯文化的特点。这一时期的服饰特点也带有这样
明显的文化倾向。

由于波斯人生活在东方高原较寒冷的地带，因此其服饰带有北方民族的特点。一般男子
的服饰是上身穿丘尼克搭配下身类似于现代裤子的宽松"灯笼裤"。这种灯笼裤一般市民和
士兵都可以穿，相对宽松舒适，男子穿着时一般在脚踝处把裤脚塞进短靴中，或者将裤腿卷
起来穿着。

波斯的上层阶级为了展示自己的威严，穿着一种带袖子的袍服叫亢迪斯（Candys），这种
服装是从米底人的服饰中发展来的（图1-10、图1-11）。亢迪斯的刺绣以及流苏装饰借鉴了
亚述人服装的装饰技法，带有飘逸效果的服装款式很像古埃及的卡拉西里斯（Kalasiris）。实
际上古埃及的卡拉西里斯也是从波斯人的服饰文化中传入埃及的。国王和上层阶级穿着亢迪斯
的时候下身会搭配相对比较合体的紧腿裤。贯头衣形式的服装亢迪斯，在宽松肥大款式的基
础上通过腰带的系扎在服装两侧与前中线的部分形成了很多优美的悬垂褶皱，所以这种亢迪
斯服装既有贯头穿着方便的特点，也兼具卷衣悬垂褶皱的优美感。国王使用的亢迪斯的色彩
是自古以来彰显高贵的紫色。当时用的紫色染料是从地中海采集的紫色贝壳的分泌物中提取

出来的。其中来自腓尼基（Phoenicia）的一种叫"推罗紫"的贝类非常有名，这种贝类非常稀有，也非常昂贵，是提炼紫色染料最好的材料。同时波斯人也习惯烫头发和烫胡子。波斯女子服饰的资料流传下来的不多，基本上与男子一样，也穿长裤和宽松的亢迪斯（图1-12）。

图1-10　波斯的亢迪斯（波斯帝国时期浮雕）

图1-11　穿着亢迪斯背弓箭的男子（公元前5世纪初期）

图1-12　波斯王近卫军帝国武士群像局部（波斯波利斯宫殿遗址）

第三节　古代埃及服饰

古代埃及位于非洲东北部尼罗河中下游地区。古代埃及文明的时间跨度近3000年。古埃及文明共经历了前王朝、早王朝、古王国、第一中间期、中王国、第二中间期、新王国、第三中间期、后王朝9个时期、31个王朝的统治。

古埃及文明的产生和发展同尼罗河密不可分，如古希腊历史学家希罗多德所言："埃及是尼罗河的赠礼。"古埃及所奉行的政体是法老控制的政府，"法老"（Pharaoh）一词来自于古埃及语，意思是"大厦"。法老不仅被当作国王，还被当作神。法老具有绝对的权力，控制着社会的每个领域，也包括艺术和服饰。对于古代埃及人来说，传统就是一切，这一点在当时的服饰上体现得非常明显。直到公元前332年亚历山大统治了埃及之后，埃及人的日常服饰才开始慢慢地发生了变化。

古埃及文化在现今经常被当作各种艺术领域的灵感源泉，比如建筑艺术，但是其在服饰领域的创造却很大程度被遗忘了。在一些当代的以埃及为题材的影视作品中往往误导了人们对埃及服饰的印象。比如伊丽莎白·泰勒（Elizabeth Taylor）主演的好莱坞史诗片《埃及艳后》中表现的古埃及人服饰给人的印象是炫目、精雕细琢的，于是一些当代著名的时装设计师便把好莱坞的这些电影作为灵感源。比如：1997年约翰·加利亚诺（John Galliano）就以"苏希·斯芬克斯"（Sphinx 狮身人面像）为灵感做了一场埃及主题的时装展，其灵感就是来自于这部电影。事实上，古埃及的服饰朴实无华，但是史诗般的好莱坞电影里那些奢华的场面下纷繁多样的服饰掩盖了这一事实，也从一定层面上误导了人们对古埃及服饰的印象。

由于古埃及人崇尚传统，所以古埃及服饰的款式几乎没有太大的变化。最初大多数服装的样式都很简单，大致呈三角形。由于埃及所处的地理位置属于非洲，大多地区为沙漠地带，因此埃及的气候极其炎热。这样的气候条件客观上导致了埃及的服饰大都具备宽敞、轻盈、省布的特点。在埃及社会全裸是被禁止的，但是男子和女子都可以让上身裸露。尽管女子遮盖身体的部分要比男子多，但是二者服装的款式基本相似。古埃及女子的服饰特点是高高的腰线，而男子的服装则强调臀部。

在古埃及社会中服饰体现了严格的社会等级制度，但是决定一个人社会地位高低的却并非服装款式而是服装的布料。服装使用的衣料越好就代表这个人的社会地位越高。比如法老的服装常常用细软的亚麻布甚至用金丝来装饰，而平民的服装则用植物纤维或皮革来制作。虽然埃及人崇尚传统，总体上各个时期的服饰变化并不大，服装的面貌基本相似，但是各时代的服饰也有各自不同的特点。

一、古王国、中王国时代的服饰

由于气候温暖，古代埃及人的服饰甚少，多为袒露形式且衣料轻薄。古王国、中王国时代男子的服饰呈现了将下半身遮盖而裸露上半身的特征。用来遮盖下半身的是一种名为罗印·克罗斯（Lion Cloth，法语称之为鲜提 Shenti）的腰布。这种腰布一般选用耐洗涤且易于保持清洁的亚麻布作面料，颜色多为白色，白色当时代表了宗教中"神圣"的含义。特别是国王穿用的罗印·克罗斯还要用糨糊在亚麻布浆上普利兹褶（Pleat，压褶或经熨烫定型的直线褶）。罗印·克罗斯作为一种最古老、最基本的衣服形态，普及于埃及所有的阶层。随着时间的推移罗印·克罗斯的造型越来越棱角分明。这种棱角分明的廓型需要对布料进行浆洗来完成。这样，经过浆洗的腰布就可以呈现出更加夸张、硬挺的廓型，并逐渐在身体前部形成一个三角形。对于男性而言，这样的服装造型强调的是身体的前部。这种夸张的目的是通过夸张男子下半身的廓型来暗喻生殖崇拜的含义，同时也可以达到吸引他人注意的目的。

由于埃及人的服饰大多为白色，丰富的褶裥所形成的丰富立体感和明暗效果弥补了白色衣料的单调，这些褶裥也是埃及人服饰的魅力所在。同时这些褶裥也可以使一些相对紧身的衣服有了伸缩的余地而不妨碍身体的活动。固定褶裥的方法是将衣料浸水、上浆、折叠、压紧后晾干（图 1-13）。

古王国、中王国时代女子的服饰主要以丘尼克（Tunic）紧身直筒裙为主。这种丘尼克衣长从胸下直至脚踝，同时用两根背带将裙子吊在肩上，面料与男子服饰一样基本上为白色亚麻布。这种裙子相对紧身合体，裙子上也像男子的罗印·克罗斯一样装饰了很多褶裥，这样可以使紧身合体的裙子有伸缩的余地，便于活动，裙子也更具装饰感。一般只有法老和贵族们的妻子可以穿着这样带褶皱的丘尼克，保养这些衣服需要特别仔细，仆人们需要用几个小时才能把这些褶皱浆好（图 1-14）。

图 1-13　国王穿着带有普利兹褶的罗印·
　　　　　克罗斯（新王国时代图特摩斯 3 世立像）

图 1-14　罗印·克罗斯和丘尼克（第 5 王朝时
　　　　　代、古王国时代的浮雕）

二、新王国时代的服饰

在驱逐了喜克索斯人的侵犯之后，埃及历史迎来了新王国时代（公元前 1567—前 1085 年，第 18 ~ 20 王朝）。新王国时代是古代埃及文明中最鼎盛和繁复的时代。这是埃及对外扩张势力的时代，此时埃及的国都已由孟菲斯移至尼罗河上流的底比斯。最著名的主导对外扩张政治主张的国王是图特摩斯三世。图特摩斯三世在位期间，以底比斯为中心建造了卡纳克的阿蒙神庙和哈特谢普苏特女王神庙。服饰则由于领土的扩大而受到周边民族服饰的影响。

图 1-15　穿着卡拉西里斯的宴会乐器演奏者（第 18 世王朝时期的壁画）

这个时期古代埃及服饰中最具代表性的就是埃及男子的服饰。其中最具代表性的款式就是名为卡拉西里斯（Kalasiris）的可以覆盖全身的贯头衣。卡拉西里斯服饰的出现是由于新王国时代埃及领土的不断扩张，使得一些东方服饰品作为战利品被引入埃及，这些东方服饰再结合埃及人的服饰文化就形成了新的款式。这种服饰最初只有男性穿着，后来古埃及的女性也把这种服饰作为礼服来穿着，只是在穿法上与男性略有不同。卡拉西里斯一般穿在罗印·克罗斯外面，由于面料是非常柔软轻薄的亚麻布，所以可以清楚地看到穿在里面的罗印·克罗斯。卡拉西里斯是将一块长方形的布对折，并在中间的位置挖孔作为头部的出口，腰部用细绳、软绳或者略宽一些的带子系紧。由于卡拉西里斯是贯头衣，所以穿着方式很容易变化且多种多样（图 1-15、1-16）。

古埃及的女子服饰与男子区别不大。古埃及人在着装目的上除了遮体之外，更注重服饰的象

图 1-16　穿着罗印克罗斯的国王和穿着卡拉西里斯的王后（第 18 世王朝、新王国时代的浮雕）

征意义。贵族女子一般可以穿着各种式样的服装，而奴隶和舞女常为裸体或只在腰臀部系一根细绳，叫作"绳衣"。这个时期的女子服饰出现了上衣和裙子的两件套组合的形式，上衣称之为"凯普"（Cape），下身则穿着裙子。所谓"凯普"其实就是类似现代人所说的披肩，这个时期的凯普一般分为两种，一种是将长方形的布直接披挂在肩上使其呈披肩状盖住肩膀，

并将披挂好的长方形布在胸部打结束紧，另一种则是在一块椭圆形的布中间挖洞，把头套进去，而垂下的布料的长度正好像披肩一样遮住了肘部。除此之外，还有一种名为"多莱帕里"的卷衣，也是这一时期女子服饰中具有代表性的款式。这种款式是一块长方形的布，经过缠绕来达到包裹身体的穿着效果，因此也为卷衣型服装。这种款式与古希腊的服饰很接近。

三、古埃及的服饰品与妆容

古埃及的服饰品以及化妆，可以说是埃及服饰文化中最具特色也最能显示埃及服饰魅力的一个重要部分。

1. 珠宝、饰物

埃及的男女都穿戴珠宝，而佩戴珠宝、饰物不但为了装饰身体，更重要的目的是彰显权力和宗教寓意。其中最具代表性的就是在颈部和胸部佩戴宽宽的项链或领饰，这些珠宝和饰物可以被视为服装的一部分（图1-17）。除此之外，埃及人还喜欢佩戴面具、耳环、巨大的手镯、臂饰等饰物。当时古埃及珠宝、首饰的制作工艺技巧已经达到了相当高的水平（图1-18）。当时经常被用于制作首饰的材料包括祖母绿、玛瑙、玉、水晶、金、银、景泰蓝等。与其他饰物一样，冠饰也具有一定的象征意义。因此，冠饰也多具有象征意义，比如，太阳、蛇、圣鹰、秃鹰的翅膀等。

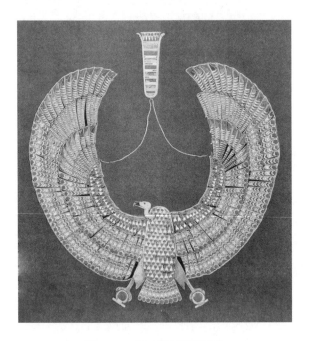

图1-17 新王国时代的颈饰

图1-18 新王国时代法老的面具

2. 发型、化妆

由于埃及地理位置与气候的原因，埃及人无论男女自古就有留短发或者将头发全部剃去的习惯。这样做一方面凉快，另一方面也与埃及人的"洁癖"有关。埃及由于气候炎热，头发很容易滋生寄生虫，将头发全部剃去或留短发更有利于卫生与清洁。因此，古埃及无论男女都流行戴假发，男子假发较短，女子假发一般长至胸部。假发也被染成各种颜色。埃及人对发型非常重视，他们发明了最早的用于头发造型的定型剂，同时还调配药物来治疗秃顶和白发。

与戴假发一样，埃及的男子还有戴假胡须的习惯。有身份的埃及男子都要剃须洁面，光滑的面颊意味着出身高贵且地位显赫。在出席各种庆典活动或重要的仪式时就会佩戴各式各样的假胡须以显示身份与地位。

埃及人对清洁很挑剔，这跟埃及的气候炎热很有关系。埃及人每天沐浴数次，削剪毛发，以保持身体的光洁。就像不同的服装衬托不同的仪表身份一样，化妆术也跟服装一样有着明确的宗教和皇室规定。埃及的男女都化妆，化妆技巧鲜明繁复。他们用一种叫作绔洱的化妆品将眼皮涂黑，用孔雀石碾成的粉末来勾描眼线使眼线变长，以达到夸大和突出眼睛的目的。红唇膏、胭脂都是当时流行的化妆品。还有一种被称为"指甲花"的红色染料是涂染指甲的染剂。埃及人对颜色很重视，对他们来说颜色具有象征意义。比如，绿色代表青春和生命，黄色代表永恒之神的皮肤，也正因为如此，埃及人经常把自己身体涂上金色。女人用淡黄褐色的化妆品来使皮肤颜色变浅，男人则把橙色的胭脂抹到脸上来使肤色变深。白色象征着幸福，白色也是埃及人服饰中最常见的颜色（图1-19）。

图1-19 古埃及人的饰物和化妆

古代埃及人还很注意美容，他们广泛使用沐浴膏来减轻日晒和虫咬对皮肤带来的影响，用香料作为除臭剂放在身体易出汗的部位，还把植物油、乳香胶、蜡和草做成防皱剂擦到脸上来预防皱纹。

3. 鞋履

埃及人的服饰品中鞋履是另一个非常具有代表性的类别。鞋对于埃及人来说可能是最贵重的服饰品了。"凉鞋"是已知最古老的鞋子，凉鞋的雏形可以说是出现在古埃及。这种鞋履可以使双脚不被沙漠里的热沙烫伤，同时又能让脚保持通风与凉爽。埃及凉鞋最基本的形状是由两根鞋带和一面鞋帮组成。无论男女都穿着木头、纸草、山羊皮和棕榈纤维制成的鞋。

由于埃及人认为鞋是最贵重的服饰品，所以一般在室内穿着，旅行时人们则大多提着鞋，到了目的地才穿上它。

第四节　古代希腊服饰

一、爱琴文明服饰

爱琴文明是希腊及爱琴地区史前文明的总称，它曾被称为"迈锡尼文明"。克里特岛是爱琴文明的发源地。公元前3000年，克里特岛形成了特有的米诺斯文明（Minoan civilization即青铜器文化）。约公元前2000年，在克诺索斯（Knossos）、费斯托斯（Phaestus）和马利亚（Mallia）等地开始建筑宫殿。以克诺索斯为中心的滨海米诺斯文化达到全盛时期，以雕刻、壁画、陶器和金属制品而闻名。约公元前1450年克里特岛被来自希腊本土的迈锡尼人所征服。后来历史上把克里特—迈锡尼文化现象称为"爱琴文明"。

克诺索斯王宫是克里特文明最伟大的建筑，王宫各处的壁画也是古代艺术的上乘之作，显示了克里特文明注重灵巧、秀逸的特色，与当时东方各国威严、沉重的艺术风格有着鲜明的区别。这些壁画可以帮助史学家研究克里特人当时的生活状态。在克里特文明的鼎盛时期，在克诺索斯王宫里甚至设有专门纺纱织布的场所，由此可以看出克里特人对服饰的重视。整个克里特文明的服饰又带有轻松、开放的特点，构成了与其他古代文明截然不同的服饰风格。

克里特男子服装的主要款式是罗印·克罗斯，而克里特人的罗印·克罗斯一般在下摆处会装饰有各种花纹与图案，这种款式也是受到了埃及服饰的影响。尤其是国王的装束更为特殊，国王穿着的是一种类似围裙式样的罗印·克罗斯，这种罗印·克罗斯的长度正好将臀部遮盖住，并用白色的腰带在右腿的根部缠绕打结（图1-20）。这个时期男子的另一种代表服饰就是缠腰布。这类服饰用类似亚麻的质地较软的布料做成，也有用僵硬的类似羊毛、皮革之类的材料来制作，因此缠腰布的样式取决于所选的材料质地。服装上饰以蔷薇花和螺旋状等图案，突出了典型的男性腰身。这个时期无论男女，腰都被人为地勒细，细腰是这个时期人体美的重要标志。

克里特女子的服饰是非常具有现代感的，甚至有的观点认为"剪裁"这一概念正是起源于远古的克里特。从现存的一些克里特壁画和石雕中可以看到克里特人的服饰无论从服装结构还是裁剪的角度，其完成度在

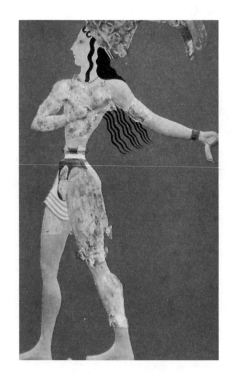

图1-20　克里特男子的罗印·克罗斯（米诺斯文明后期的壁画）

图 1-21 蛇女神像（公元前 1600 年左右出土雕像）

当时来说都是非常高的。最具代表性的就是"蛇女神像"中呈现出来的女子服饰的形象（图1-21）。女子服饰的上半身基本为皮制的合体上衣，这种上衣的款式是胸部完全暴露在外面，而从腰部到臀部上方，则用绳子穿过服装上预留孔的方式将腰部束紧。女子服饰的下半身基本为"钟形"裙，这种裙子整个造型呈钟形或者塔形。臀部的造型微微蓬起，从臀部至脚踝逐渐形成了下摆宽大的吊钟形"塔裙"。这种原始服装的下摆一般是有多层荷叶花边修饰的裙子，是用灯芯草、木头或金属做成箍并一个个串在一起，将裙摆撑开，有的史学家认为这就是之后裙撑的雏形。从一些壁画中也可以看到当时女子服饰的特点，就是贴身的胸衣紧紧束在裸露的胸部下方，衣袖长度到肘关节，样式可以是紧贴手臂的也可以是蓬松的，甚至带有上宽下窄的"羊腿袖"。有些女子的服饰则衣袖用丝带绑住，在后颈处打结或用肩带固定。有时圆锥形的裙子也会选用质地较硬的布料来制作，外面再镶上一层层的荷叶边，并装饰着图案，色彩艳丽，裙摆外还用一条浆过的围裙包裹着。

　　想要完成这样造型的服装，需要相当高超的裁剪技术。克里特的女子服饰在整个西洋服饰发展史里都是非常独特的一种服饰现象。这个时期的服饰造型与面貌与数千年后人们创造的服装外形有着很多相似之处。克里特文明虽然属与爱琴文明和古希腊文明属于同一个时代，但是其服装样式与古埃及、古希腊、古罗马的宽松且基本以缠绕式为主的款式有很大的差异，带有强调紧身、合体的服饰特点。这样的服装外形在古代服饰中是极为特殊和罕见的，它不但最终促进了希腊服饰的发展，还对黑海沿岸、地中海东部甚至小亚细亚的服饰发展产生了深远的影响。

二、古代希腊服饰

古代希腊作为一个文明古国，曾经在科技、数学、医学、哲学、文学、戏剧、雕塑、绘画、建筑等方面作出巨大的贡献，成为现代欧洲文明发展的源头。爱琴海是古希腊文明的摇篮。古希腊文明首先在克里特岛获得发展。公元前10～9世纪希腊还处在多个小国分立而治的混乱状态中，大约在公元前1200年，多利安人的入侵毁灭了迈锡尼文明，希腊历史进入所谓"黑暗时代"。从公元前8世纪中期开始，希腊的市民主权逐渐扩大，一些施行新制度的城市开始增多，如雅典、斯巴达、科林斯等。这些新兴的城市是希腊文明发展的起点。这些城邦平日里各自为政，面对共同敌人时才会联合起来。居住于斯巴达的主要是多利安人，居住于雅典的主要是爱奥尼亚人，这两个民族作为古希腊最具代表性的民族，在建筑、美术、服饰等不同的领域为后世创造了两种不同的文化样式。无论在建筑还是服饰文化方面多利安式样庄重、简朴，代表了男性特质，爱奥尼亚式样纤细、优雅，代表了女性特质（图1-22、图1-23）。

希腊人穿着非常简单、质朴，大多数服装都是由一块长方形的布通过缠绕和披挂的形式来完成服装款式。不同的服装主要是穿着方式的不同，或缠绕或披挂于身，而对于面料本身则几乎没有过多的剪裁和缝纫。根据古希腊文明的时代变迁，古希腊的裁剪方式主要有四种，即克里特米诺时期样式、迈锡尼时期样式、创始时期样式、古典时期样式。克里特米诺式就是前面提到的克里特服装的裁剪方式。迈锡尼时期样式则受到克里特服饰的影响，但更趋于质朴，如腰带、衣边等服饰用料更偏爱采用皮革甚至金属。创始时期样式是在女子束身上衣和披肩的剪裁原理的基础上展开，采用一种特别的方法来塑造人体。古典时期样式则面料质地更加柔软，穿着方式进一步完善，衣服和身体更加自然地结合在一起。制作服装时开始采用极少量的裁剪和缝纫技术。穿着艺术备受重视。当时人们心中最完美的服装会精致得让人

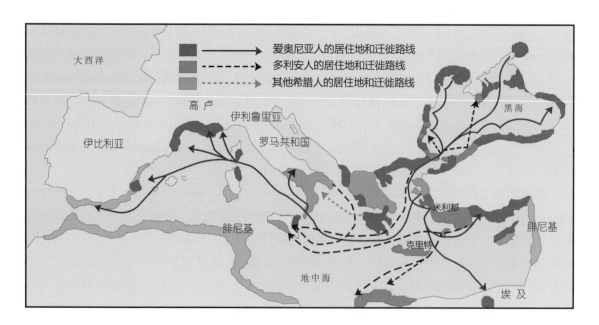

图1-22 希腊文化圈的扩大

难以区分哪里是衣服哪里是身体。

1. 希顿——一块长方形的布

古希腊的服饰中最具代表性的就是"希顿"（Chiton）。所谓希顿就是一块长方形的布，用其将身体包裹住并在肩部固定，腰部用绳子束紧。希顿基本上分为两种，一种叫多利安式希顿（Doric Chiton），一种叫爱奥尼亚式希顿（Ionic Chiton）。这两种希顿在用料与穿着方法上都有所不同。

多利安式希顿也称佩普洛斯（Peplos），是男女皆穿的服装，最初衣料为长方形的白色毛织物。多利安式希顿是块长方形的布，长边是两臂伸直后两肘间距离的2倍（大概180cm左右），短边则是从领口到脚踝的长度加上从领口到腰线的长度。穿着方法是先将长方形面料的一条长边向外折，折下来的长度是脖子到腰际线的长度，然后围着身体将长方形的短边对折，在两肩分别用长10cm左右的别针固定。多利安式希顿常用毛织物，所以衣褶比较厚重、粗犷，凸显男性特征。多利安式用别针分别在双肩固定两点，侧缝一般不缝合，且款式上没有袖子的部分（图1-24、图1-25）。

图 1-23 胜利女神雕像（公元前 190 年左右大理石雕像）

爱奥尼亚式希顿是公元前6世纪左右住在雅典的女性开始穿着的，面料以薄麻或带有人工加工成的普利兹褶的丝麻织物为主（图1-26）。随着爱奥尼亚式希顿的流行，多利安人也开始穿着爱奥尼亚式希顿。与多利安式希顿一样爱奥尼亚式希顿也是由一块白色面料的长方形布制作而成，但在布料尺寸和穿着方式上略有不同。长方形面料的长边尺寸为两臂伸直后

图 1-24 多利安式希顿
（公元前 470 年出土浮雕）

图 1-25 固定希顿
用的别针

图 1-26 爱奥尼亚式希顿
（公元前 475 年出土雕像）

两腕间距离的2倍，短边尺寸是领口到脚踝的距离加上上提部分的用料量。穿法是先将两个短边对折，侧缝除留出伸出手臂的位置全部缝合，从肩到两臂分别用8～10个安全别针分别固定，在腰部束带并折出褶量。之所以使用安全别针，是因为最初多利安式希顿是用普通别针来固定的，但当人们发生争执时，这些别针就成了斗殴的工具，所以后来爱奥尼亚式希顿就使用安全别针来固定了。也因此多利安式希顿后来逐渐被爱奥尼亚式希顿所取代。爱奥尼亚式希顿由于使用麻织物，所以衣褶细且多，带有女性优雅的特征。爱奥尼亚式希顿侧缝是缝合的，且结构上有袖子的部分。

2. 希玛纯——男女同穿的外衣

古希腊人经常在希顿外面穿着名为希玛纯（Himation）的外套，这种外套男女皆穿。这种外套一般是由长2.9m、宽1.8m的很大的长方形厚毛织物做成（图1-27、图1-28）。色彩以白色居多，在长方形面料边缘经常装饰有深红色或青色系的刺绣装饰图案。希玛纯很像现在的斗篷或披肩，穿着方式是直接将其缠绕、披挂在身上并在肩部固定。在天气恶劣时或者葬礼时人们会用希玛纯盖住头部或将头部包裹起来。而当时的学者、哲学家、武人则不穿希顿而直接穿着希玛纯，以彰显其推崇的禁欲精神。

图1-27 穿着希玛纯的辩论家（公元前200年左右出土雕像）

古希腊女性还经常披挂一种类似希玛纯的斗篷，这种斗篷叫"迪普拉库斯"（Diplax）。这种斗篷是将四方形的大块的面料对折，一侧披挂在肩部另一侧则从腋下穿过自然悬垂在身体两侧（图1-29）。

图 1-28 穿着希玛纯的妇人
（公元前 320 年左右出土雕像）

图 1-29 希顿外面穿着迪普拉库斯的女性

这个时期还有一种比希玛纯略小型的斗篷，名为"克拉米斯"（Clamys），这种斗篷来源于塞萨利和马其顿军人所穿的斗篷，在古希腊，年轻人和骑士都很喜欢穿这样款式的斗篷。这种外套是由长 2m、宽 1m 的毛织物做成，穿着时披挂于上身，其中一面用别针在肩部固定。

第五节　古代罗马服饰

公元前 8 世纪，伊特鲁里亚人从小亚细亚向意大利迁徙，并建立了国家城邦。公元前 8 世纪中叶，古代罗马人在意大利半岛中部拉丁姆平原上的台伯河下游河畔建立了罗马城。古罗马文化早期在自身的传统上受伊特鲁里亚、希腊文化的影响，吸收其精华并融合而成。公元前 3 世纪以后，罗马成为地中海地区的强国，其文化亦高度发展（图 1-30）。

一、伊特鲁里亚服饰

伊特鲁里亚人是从小亚细亚迁徙到古罗马的民族，因此其服饰特点带有浓重的东方风格。伊特鲁里亚人最常见的服饰是丘尼卡、凯普（披肩）、曼托（斗篷）。伊特鲁里亚人的丘尼克男人穿的衣长较短，女人穿的衣长较长到脚踝处。一种披肩式的斗篷名为"泰伯那"（Tebena），这是一种半月圆形的披肩，它搭过左肩悬垂于右肩下。它来自于古希腊男

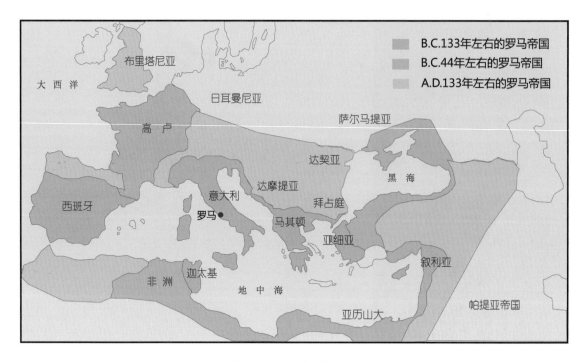

图1-30 罗马帝国势力图

图例：
- B.C.133年左右的罗马帝国
- B.C.44年左右的罗马帝国
- A.D.133年左右的罗马帝国

地图标注：大西洋、布里塔尼亚、日耳曼尼亚、高卢、萨尔马提亚、达契亚、黑海、意大利、达摩提亚、罗马、拜占庭、马其顿、亚细亚、西班牙、叙利亚、非洲、迦太基、地中海、亚历山大、帕提亚帝国

图1-31 穿着丘尼克和曼托的男子（公元前5世纪左右伊特鲁里亚的男子铜像）

子的斗篷，后来古罗马人穿的宽松外袍可能也是由此发展而来（图1-31、图1-32）。

二、古代罗马服饰

1. 托加——世界上最大的服装

古罗马最具代表性的服装名为"托加"（Toga），托加一词来源于拉丁语，原意是"覆盖"。这种服装是一种类似于多来帕里的缠绕式样的服饰，用一整块布将身体包裹、缠绕。托加的颜色、边缘的装饰以及穿着的方式都有非常严格的规定，不同的色彩、装饰图案、缠绕方式都可以反映出穿着者的身份与地位。托加的发展与变化甚至也从另一个角度映射了古代罗马帝国兴衰的过程（图1-33 ~ 图1-35）。

托加在古罗马共和制初期作为普通市民服是男女都穿的款式，到了共和制中期就发展为只有男子穿着了。到帝政时期初期，托加逐渐成为一种世界上最大的服装。制作托加的面料一般为毛织物。托加的形状基本为弓形、椭圆形、梯形。弓形托加的直径一般为5 ~ 6米，在曲线边缘的部分会装饰带颜色的边饰。托加的穿着方式如图1-35示，是首先将托加搭在左肩上，然后将其绕向身体后方，从右侧肋下穿过经过后背再搭回到左肩。只有皇帝、执政官穿着的托加会被染成紫色或者红紫色，并在边缘装饰有金线刺绣的

图 1–32　舞蹈中的伊特鲁里亚女子（公元前 4 世纪中期左右出土壁画）

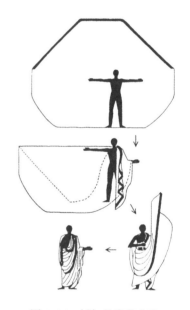

图 1–33　穿着托加的法官
（公元前 1 世纪出土大理石雕像）

图 1–34　豪华的托加

图 1–35　托加的穿着方法

装饰图案，这种托加被称之为"托加·佩克塔"（Toga picta）。由于中国丝绸的传入，这种托加经常使用丝和麻、丝和绵的混纺织物。一般的罗马市民只穿着没有任何装饰的"托加·普拉"（Toga pura）。还有一种作为皇帝、祭司、军人礼服的托加名为"托加·托莱贝阿"（Toga trabea）。黑色或灰色的托加是被作为葬礼时的丧服所穿着的，名为"普尔拉"（Toga pulla）。托加由于其体积过于庞大以及穿着方式所造成的不便，在帝政末期只有最高权力者、圣职者才会穿着。后来托加在形式上逐渐发展成为带状形式的装饰物，是拜占庭时期服饰中带状装饰的雏形。

罗马男子一般会在托加里面穿着一种名为"丘尼卡"（Tunica）的贯头衣。随着托加的逐渐衰落，丘尼卡的颜色、长度、袖长都开始出现了变化，在丘尼卡上还出现了一种名为"克拉比"（Clavi）线状的装饰条，这种装饰条是为了显示穿着者身份。紫色丝绸面料并带有金线刺绣图案的丘尼卡逐渐取代了托加·佩克塔，成为皇帝或恺撒将军、执政官的专有服饰。

2. 斯托拉——展现女子魅力的悬垂感外衣

古罗马的女子服饰不同于男子服饰，与男子服饰相比，女子服饰样式变化很少。古罗马的男女服饰在织物、色彩方面差别较大。由于女子服饰的款式变化较小，因此女子服饰的面料更趋于轻便，以棉、丝绸为主。色彩较为丰富，有深蓝、黄、红及绿色、粉红色等。

罗马女子的服饰基本延续了古希腊的服饰风格与样式，在里面穿着一种"丘尼卡·因提玛"（Tunica intima）贯头衣作为内衬，外面穿一种同爱奥尼亚式希顿很相似的外衣"斯托拉"（Stola），还会穿一种很像希玛纯的名为"帕拉"（Palla）的斗篷。由于帝政时期丝绸已经传到了罗马，所以用丝绸面料制作的斯托拉和帕拉，服装的悬垂效果极好，再配合以鲜艳的红色、蓝色、紫色，使穿着的女性展现出了非常有罗马特色的女性魅力。

罗马女子的生活与古文明社会中的女子大致相同，父母包办婚姻同时自由受限，上层社会的女子被规定不能独自出门，出门时要用麻绳绑住奴隶或仆人带在身边。古罗马的女性很注重美容和化妆，同时为了弥补罗马女子服饰的相对平淡，罗马的女子也很重视发型和头饰。罗马女子也用一些自然原料护肤，但对于当代的化妆观念而言，她们的美容品实在有些"可怕"。例如她们用植物提取液做面膜，并将绵羊油和面包屑浸泡在牛奶中来配制面膜，这种面膜如果多持续几个小时就会发出恶臭；用黄油和白铅扑在皮肤上以增加皮肤的光滑感，用奶牛胎盘来治疗皮肤脓肿；她们将奶牛生殖器溶化在硫黄和醋中，形成糨糊状的液体来美容。罗马人的防皱配方就是用驴奶沐浴，一天最多用到7次，因此传说有的贵族女性外出旅行时也要带上一群驴。

到公共浴室沐浴也成为当时非常流行的一种社交活动，男女都可以参与。公共浴室除了作为沐浴的场所，更重要的还是人们与朋友聚会的社交场所。沐浴之后，人们常常做些运动来锻炼身体。运动时男人基本上可以是全裸的，女子会穿上一种类似"比基尼"的服装来参与体育运动。这是我们可以追溯到的最早的比基尼的前身（图1-36）。

图1-36 女子的"比基尼"
（公元前3世纪西西里出土的壁画）

思考题

1．简述西方服饰起源的特征。

2．简述两河流域不同服饰风格的相似点。

3．列举古代埃及的典型服饰。

4．简述古代希腊服饰的特征。

基础理论——

中世纪的服饰

> **课题名称：**中世纪的服饰
>
> **课题内容：**1.拜占庭帝国的服饰
>
> 　　　　　　2.5~10世纪的欧洲服饰
>
> 　　　　　　3.11~12世纪的欧洲服饰
>
> 　　　　　　4.13~15世纪的欧洲服饰
>
> **课题时间：**8课时
>
> **教学目的：**使学生了解中世纪各时期的社会背景，并掌握中世纪
>
> 　　　　　　各时期服饰的不同风格与特征。
>
> **教学方式：**理论讲授、多媒体课件播放。
>
> **教学要求：**1.了解中世纪的政治、宗教以及社会背景。
>
> 　　　　　　2.了解中世纪各个不同时期服饰风格的特征与关联。

第二章　中世纪的服饰

中世纪（又称中古时代，Middle Ages，约476年—1453年）是欧洲历史上的一个时代（主要是西欧），由西罗马帝国灭亡开始计算，直到东罗马帝国灭亡，民族国家抬头的时期为止。"中世纪"一词是15世纪后期的人文主义者用来界定这个时期开始使用的。中世纪的欧洲没有一个强而有力的政权来统治。封建割据带来频繁的战争，造成科技和生产力发展停滞，人民生活在毫无希望的痛苦中度过，所以中世纪或者中世纪早期在历史上也被称作"黑暗时代"，这是欧洲文明史上发展比较缓慢的时期。整个中世纪由于受到很强的宗教因素的影响，因此形成了非常特殊的人文背景，也形成了特殊的审美观念以及服饰风格。形成这些特殊观念的因素非常复杂，下面分别从几个不同的角度，简单总结、归纳一下中世纪的人文背景与服饰文化观念的形成。

一、黑暗时代

欧洲在进入黑暗时代以后，其科学技术的发展因基督教传教士大力宣扬神学而受到重大打击，甚至出现倒退的状态。当时的欧洲社会中传教士是最主要的知识传播者，学校也是由教会附设的，因此，知识的传播受到宗教理念的控制。同时，黑暗时代文化方面的发展也遭受了严重的打击和制约。不但传统的罗马及希腊的文化与文明遗产受到蛮族或教会的破坏，甚至连中世纪社会地位很高的骑士阶层中也都是文盲或者文化水平很低的人。再加上当时战乱四起，导致中世纪的欧洲文化发展不进反退。这也是形成中世纪特有的服饰风格的时代背景。

二、宗教

4世纪初，基督教已大体传遍罗马帝国全境，并逐渐向中上层人士渗透。5世纪后，西罗马帝国逐渐瓦解，欧洲向封建社会过渡。在日耳曼人征服罗马的过程中，基督教得到了保全，它成为中世纪封建社会占统治地位的意识形态。基督教教会也因而居于绝对的思想统治地位。一切不符合教会利益的世俗文化都被看作是异端邪说而遭到禁止。这个时期的社会生活方式和社会意识形态都不可避免地深受宗教观念的影响。基督教以基督教会为依托，使得11至15世纪整个欧洲人文背景以及习俗文化都产生了较大的变化。基督教会教化人们脱离野蛮的习俗，倡导纯洁的生活；要求神职人员坚持独身主义；把生活中的纵欲倾向当成罪恶，宣扬禁欲主义，反对奢华的观念，宣扬所有的欢乐都是罪恶的观念。这些宗教理念进一步加强了对人们思想的禁锢与控制，同时也影响到了服饰文化。

三、骑士文化

骑士文化是中世纪最有特点的文化类型，骑士文化也在很大程度上影响了中世纪服饰的发展。所谓"骑士"本是欧洲中世纪时期受过正规军事训练的骑兵，后来则演变为一种荣誉称号，用于表示一种社会阶层。训练一个男孩成为骑士需要14年时间。在这段时间，受训的男孩最初要跟随领主夫人担任侍童并学习礼仪，之后要学习"骑士七艺"（游泳、投枪、击剑、骑术、狩猎、弈棋、诗歌），又要为领主或负责训练他的骑士工作。成为骑士后，他要遵行"侠义精神"。例如，效忠国王或领主、保护教会和妇孺、锄强扶弱以及奋勇作战等。成为骑士是每一个中古男孩的梦想，其受封仪式一开始仅仅是简单地以剑轻拍受施者的右肩并予以授名。后来，骑士文化中精神层面的意义逐渐被强调，成了特殊宗教背景下人们释放人性情感的出路。

四、疾病流行

"黑死病"是人类历史上最严重的瘟疫之一。"黑死病"是当时欧洲对这种瘟疫的称呼。中世纪的欧洲经历了最严重的一次"黑死病"瘟疫。根据一些史料推测，瘟疫爆发期间中世纪欧洲约有占人口总数30%的人死于黑死病。这场黑死病客观上严重地打击了欧洲传统的社会结构，削弱了封建与教会的势力，间接促进了后来文艺复兴与宗教改革的兴起。1348年，黑死病在欧洲流传，引发了整个西方世界政治和社会危机，同时也对服装文化造成了深刻的影响。人们的服装开始变得越来越华丽，甚至有些夸张。纵观服装发展史，人类一旦处于危机之中，在服装风格上就会出现类似的夸张变化。

五、服饰文化特征

中世纪史学研究学者查理哈斯金曾经这样写道："历史的连续性排除了中世纪与文艺复兴这两个紧接着的历史时期之间有巨大差别的可能性。现代研究表明，中世纪不是曾经被认为的那么黑，也不是那么停滞；文艺复兴不是那么亮丽，也不是那么突然。"这句话说明了中世纪对后世文艺复兴时期的影响，这一点在服饰文化上也有所反映。

由于禁欲之风盛行，教会禁止人们追求人体之美甚至凸显人体美的服饰之美。宗教强调禁欲的理念直接导致了中世纪的文化艺术在早期经历了禁欲主义阶段，在后半期则经历了反封建、反神权、反禁欲的人文主义革命阶段。禁欲和反禁欲的斗争在服饰方面也得到了充分体现。因而服饰文化中出现了否定肉体和肯定肉体的两种矛盾的文化现象，这些都表现在中世纪各时期的服装款式中。

中世纪早期由于受禁欲主义思想的影响，无论男女的服装都不露体，遮盖严密、层层防护的宽衣大裙，使服饰脱离了与人体密切结合的关系而独自存在。服装造型夸张、装饰华丽，这种强调修饰之美的审美标准，最终导致人成为服饰的奴隶，而不是服装去适应人。另一方面，由于中世纪中晚期反禁欲斗争的高涨，人们开始渴望服装的不断变化，更注重服装与人体的关系，更希望通过服装来表现人体之美。

中世纪时期也是西方服装由古代二维的平面服装结构向三维立体结构转变的重要节点。

由中世纪开始形成的这种服装结构观念一直影响着整个西方服装的发展，直到今天人们依然沿袭着这样的服装结构模式。

中世纪是服装裁剪史上一个重要的时期。中世纪出现了专业裁缝。在古希腊、古罗马时代制作衣服是女子的工作，但随着时代的发展，服装裁剪与缝制的工作逐渐被男人取代。到1300年巴黎已有700位专业裁缝，而这些裁缝基本上都是男性。史学家们认为，由于中世纪特殊的服装样式以及人们对服装式样的重视与对服装裁剪的偏好，此时个性介入了服装，比如色彩的选择、面料的质地、服饰的搭配和装饰品的选择等。

第一节　拜占庭帝国的服饰（东罗马帝国）

一、拜占庭时期的社会背景

罗马帝国自西罗马帝国灭亡后，帝国东部罗马政权的延续被称为东罗马帝国，也被称为拜占庭帝国。这是中世纪欧洲历史上最悠久的君主制国家。拜占庭帝国的主流文化主要沿袭了希腊文化。希腊语不但是日常用语，而且是教会、文学和商业的通用语言。拜占庭文明在继承罗马文明的基础上，形成了特有的西方与东方交融的华丽绚烂的服饰文化。拜占庭位于地中海东北部，地理位置上正好处于欧洲与亚洲交汇的位置，所以成为世界各国商业交流的中心地，也是由于这样的原因才形成了独特的服饰文化。550年左右，由于中国、波斯丝绸的传入和科普特织物的传入，拜占庭的织物及染色技术与产业变得非常发达。拜占庭服饰风格融合了古希腊、罗马以及亚洲东方服饰的特点于一身。在一定程度上，这个时期的服饰也对中世纪和文艺复兴时期的服饰有着深远的影响。

查士丁尼一世是拜占庭时期最重要的一位统治者，他的统治期一般被看作是历史上从古典时期转化为希腊化时代的东罗马帝国的重要过渡期。描绘查士丁尼一世和他的妻子提奥多拉的壁画也成为研究拜占庭时期服饰的最直接的资料。

二、拜占庭时期的服饰

拜占庭时期的服饰中不同地区服饰则有各自的特点。比如，冬季阴冷多雨的马其顿和多瑙河边境地区与干旱炎热的埃及地区服装的样式有很大差别。拜占庭时期欧洲已经逐渐开始从中国进口蚕丝的生丝自己制造丝织品，当时丝绸的生产集中在希腊南部地区。丝绸作为皇家垄断的原材料，买卖也由官营商人严格控制。没有皇室的许可，平民不得随意穿着丝绸服装。紫色的丝袍为皇帝和皇后专用的服装，高级教会人士则穿着织金绣银的锦缎教袍和法衣。普通人的服饰多为棉布和亚麻织物质地。从现存的东罗马绘画手卷来看，在帝国1100年的历史中，服装样式基本上为轻快、单薄的地中海风格，主要的服装样式包括长袍、披肩、腰布、皮靴等（图2-1、图2-2）。

拜占庭时期皇帝的服饰不仅代表着皇帝的身份和地位，还引领着当时社会的服饰样式的流行和生活方式。在拜占庭时期皇帝身兼两职，他既是国家首脑又是宗教领袖，所以他的生活方式受到严格的限制和礼节的监督。对于服饰的要求也不例外，在特定的场合皇帝的穿着都有规定，包括服装、王冠甚至佩戴的珠宝都有严格的规范。最具代表性的服饰就是6世纪查士丁尼一世的服装。如图2-3所示，查士丁尼一世里面穿着一种名为"达尔玛提卡"（Dalmatica）的紧身贯头衣，长度及膝，下身搭配一种名为"霍兹"（Hose）的裤子，最外面穿着一种名为"帕鲁达门托姆"（Paludamentum）的方形大斗篷。这种斗篷也是拜占庭时期最具代表性的外衣。皇帝专属的帕鲁达门托姆是紫色丝绸质地的斗篷，这种斗篷也是受到了罗马服饰文化的影响。穿着时在右肩用带有宝石装饰的安全别针固定。帕鲁达门托姆的前后衣身上都装饰有一种名为"塔布里昂"（Tablion）带有金线刺绣的四方形的装饰。由此可以看出拜占庭的服饰特征也像希腊、罗马服饰一样，款式都相对简单，主要的服装款式就是T型束腰贯头衣。

拜占庭时期的服装除了面料和装饰华丽外，还深受基督教教义的影响，男性和女性的服装款式基本上都要将身体严严实实地包裹起来，服装从款式和造型上忽略了性别的差异。同时，女性也不能将头发、手等部位从服饰中显露出来，这样就更难分辨出着装者的性别。

图 2-1　男子的达尔玛提卡贯头衣（拜占庭时期的马赛克壁画）

图 2-2　男子的丘尼卡和霍兹长裤（6世纪的壁画）

图 2-3 查士丁尼一世和随从（意大利拉韦纳的圣维塔列大教堂的马赛克壁画）

图 2-4 提奥多拉皇后和随从（意大利拉韦纳的圣维塔列大教堂的马赛克壁画）

　　拜占庭的女子服饰与男子服饰大致相同。作为女子服饰的代表，可以从提奥多拉皇后的服装中看到拜占庭女装的特点。如图2-4所示，皇后与皇帝一样也穿着紫色带有金丝刺绣的帕鲁达门托姆。一种名为"斯托拉"（Stola，或称"帕拉"Palla）的服装也是当时女性的常用服装。拜占庭时期的斯托拉是一种下摆与袖口都装饰着图案的长袍，一般作为外衣使用，将其翻折可以做斗篷。皇后穿着帕鲁达门托姆时会搭配带有彩色装饰的披肩，这种披肩是由波斯传入的，用金线刺绣并装饰着各种宝石与珍珠。由于宗教规定女性的头发不能外露，因此皇后头上会佩戴镶有宝石、珍珠的黄金冠饰将头发掩盖住。皇后身边的侍女们则穿着带有黑色几何图案的达尔玛提卡。公元2世纪，由巴尔干半岛地区的服饰达尔玛提卡发展而来的丘尼克也是这个时期的人们常穿的服饰，在穿着时经常搭配一种类似披肩的丝质帕拉，有时候会用帕拉将头部遮盖起来。另一种名为"罗鲁姆"的服饰也是拜占庭时期的一种服装样式。如图2-5所示，这种服装穿着时把一端自右肩垂直至脚前，剩余部分自后颈搭回到左肩经胸前垂下搭在左手腕上。

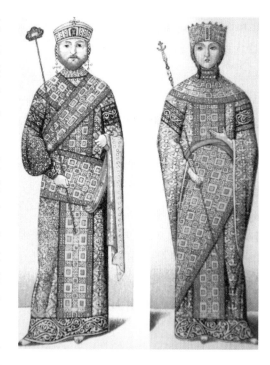

图 2-5　罗鲁姆
（尼基弗鲁斯三世和皇后的画像）

丰富的服饰面料也是拜占庭文化在服装上独树一帜的特点。拜占庭帝国的丝织业非常发达，将丝绸生产家庭化是拜占庭对世界服装业作出的最大的贡献。当时流行的服饰面料有塔夫绸、锦缎、天鹅绒、带金银提花的织锦、亚麻、羊毛等。最初是拜占庭人要到中国进口丝绸，但要经过漫长的贸易路线。对于当时的欧洲人来说，根本就想不到那么华丽的织物居然是用蚕丝制成的。因此，长久以来，丝绸生产在欧洲一直显得非常神秘。直到552年，两个波斯人偷偷从中国带回一节中空的竹子，竹子里藏着蚕蛹和桑树籽，从此欧洲人就开始有了自己的丝绸。拜占庭人织造出一种六股丝锦缎，这种锦缎非常厚实，丝绸上还可以绣上金线装饰。绣有中国龙凤图案的中国丝质长袍偶尔也出现在拜占庭帝国。

第二节　5 ~ 10 世纪的欧洲服饰
（中世纪欧洲服饰流行的开始）

一、5 ~ 10 世纪的社会背景

属于印欧语系的日耳曼民族是从日德兰半岛到斯堪的那维亚半岛的巴尔特海沿岸的原住民族，后来这个民族南进吞并了凯尔特人。公元1世纪前后，日耳曼人控制着莱茵河右岸、多瑙河流域以及黑海北岸地区并与罗马帝国接壤。公元375年左右，被中国汉朝打败的游牧民族

"匈奴人"经中亚向西迁徙入侵欧洲，与此同时东哥特族也逐渐壮大起来。公元376年，西哥特族入侵罗马帝国，由于这个原因，日耳曼民族开始迁徙，这样就造成了整个欧洲的民族大迁徙。法兰克族占据了北高卢地区，盎格鲁撒克逊人占据了大不列颠，西哥特族占据了伊比利亚半岛，东哥特族占据了意大利半岛，这些民族也都各自建立了王国。

在这些王国中，最有实力的当属法兰克王国。法兰克族是一个名为墨洛温的支族，于486年的苏瓦松战役彻底颠覆了最后的罗马军事政权。8世纪，墨洛温王朝覆灭。732年，伊斯兰的势力逐渐强大，他们越过比利牛斯山脉向伊比利亚半岛的法兰克帝国入侵。法兰克王国墨洛温王朝末期的宫相查理·马特（Charles Martel，绰号"铁锤查理"）通过著名的"都尔之役"平复了外族入侵。751年，查理·马特的儿子查理终于登上法兰克王国国王的宝座，建立了加洛林王朝。8世纪后半期，查理统治法兰克王国时，把法兰克王国的势力推向顶峰。通过近半个世纪的连年征战，到8世纪末法兰克王国的版图空前广阔。东起易北河、西至大西洋沿岸、北濒北海、南临地中海，几乎占据了整个西欧大陆。其版图范围甚至同古代西罗马帝国的领土范围差不多。800年圣诞节时，罗马教皇利奥三世在罗马的圣彼罗大教堂亲自为查理加冕，称其为查理大帝。也就是承认他是古代罗马皇帝的继承人，即法兰克王国正式成为帝国。由于查理大帝的名字也被译成查理曼，这个帝国也被称为查理曼帝国。在查理大帝统治期间，充满黑暗痛苦的欧洲文明得到了短暂的舒缓，艺术、文学、服装时尚又一次繁荣起来。

二、欧洲服饰流行的开始

日耳曼民族在受到罗马服饰文化的影响前，未开化式样的服装是其最大的服饰特点。由于气候的原因，男子下半身穿着分别包裹着两条腿形式的类似裤子的服装，上半身则穿着很合体的上衣，这样的组合搭配很像当代服饰中上衣和裤子的组合形式。

由于5世纪左右法兰克的墨洛温王朝彻底颠覆了罗马帝国的统治，因此在服装上体现出了法兰克民族与罗马民族的双重特点。首先，在宫廷中沿袭着很多拜占庭时期的服装款式。国王一般里面穿着丘尼卡·帕尔玛塔（Tunica palmate），外面则搭配帕鲁达门托姆，头上戴着镶嵌着各种宝石的王冠。在日常生活中普通日耳曼服饰的搭配是丘尼卡和帕鲁达门托姆的组合。作为腿部的服装，日耳曼穿着类似裤子的皮质袜裤，并且用带子将其绑在腿部。

8世纪加洛林王朝到查理一世（查理大帝）时期，日耳曼人几乎占领了整个欧洲。加洛林王朝宫廷服饰受到拜占庭宫廷服饰文化的影响，他们穿着达尔玛提卡或者帕鲁达门托姆。查理大帝虽然报着复兴罗马帝国的理想，但是他毕竟是日耳曼人的国王，在一些公开的仪式上，他还是经常穿着拜占庭时期的丝质的服装。9世纪加洛林王朝的国王们基本上继承了查理大帝的衣着，服装以带有合体袖子的丘尼克和裤袜组合为主。

加洛林王朝的女子服饰与罗马时代末期的款式基本相同。一般将麻质地的带有合体长袖的白色丘尼卡作为内衣穿在里面。丘尼卡也同时也可以被作为外衣穿着，这种作为上衣的丘尼卡是由达尔玛提卡变形而来的款式，在袖子和袖口装饰了很多刺绣。

第三节 11 ~ 12 世纪的欧洲服饰

数世纪以来，对于欧洲的基督教徒来说前往圣地（耶路撒冷）朝拜是一项最为普遍的活动。欧洲人宗教心理非常高涨，到圣地膜拜的巡礼者与日俱增。塞尔柱土耳其人的兴起，让前往耶路撒冷和其他中东地区的旅行危险性骤增。土耳其人结束了阿拉伯人与基督徒之间相对和平的关系。同时，土耳其人在小亚细亚占领有价值的土地，给予拜占庭极大的压力。1095年，为了回应来自拜占庭皇帝请求协助的要求，教皇乌朋号召由基督教士兵所组成的"十字军"，企图从穆斯林手中重新夺回巴勒斯坦，从而引发了1096 ~ 1291年的长达近200年的宗教战争。

这次战争，客观上也刺激了中世纪新的城市发展和欧洲各地民族的融合，带有东方特征的新词汇随之加入欧洲的语言中，如棉（cotton）、平纹细布（muslin）、沙发床（divan）和市场（bazaar）。欧洲人还带回许多新奇的纺织品、食物和香料。欧洲人对于这些新鲜货品的需求促进了贸易活动。意大利的商业城邦（尤其是热那亚和威尼斯）亦因此得到发展。"十字军"所带回来的金银财宝也增加了地方上的货币供应，大力提升了经济的成长。

随着基督教的传播和深入，8世纪中到9世纪末，西欧形成了加洛林王朝艺术。这是日耳曼人对基督教、拜占庭和古希腊罗马风格的大规模的模仿和学习，其推动人是查理大帝。在此基础上11至13世纪，基督教文化发展起来了。

一、基督教的普及和东方文化的影响

11至12世纪，基督教逐渐成为西欧势力最强大的宗教。随着教堂、修道院的建设与增加，基督教逐渐地深入到欧洲人的生活与精神世界中，统治者也凭借基督教的力量加强其封建制度的建设与统治。这一时代重视服装的人群向着更广泛的阶层蔓延，从国王阶层到神职者、大臣、有实力的商人都很注重自己的服饰与穿着。同时，由于宗教战争，造成了整个欧洲的民族大融合，使得欧洲的服饰也受到了东方文化的影响。

二、哥特艺术与建筑

哥特式艺术是以基督教思想为中心的艺术风格，也是中世纪西欧文化发展的顶峰。它经历了中世纪的巅峰期与衰落期，并直接孕育了文艺复兴艺术。可以说基督教艺术最高成就的代表就是哥特式艺术。"哥特式"一词最早是作为贬义词出现的，本意是"哥特人的"，是最早用来形容一些蛮族的词汇。后来文艺复兴时期意大利的学者用这一词汇来形容阿尔卑斯山以北地区的一些建筑样式，"哥特式"一词逐渐演化为一种对艺术风格的形容。

基督教对建筑艺术的发展起到了重要的作用。12世纪中期至14世纪中期，哥特式建筑最为流行。巴黎圣母院可以说是哥特式建筑的代表。其建筑结构属于整体骨架式，建筑外侧有立柱、小尖塔式屋顶，建筑内部有圆形拱顶、彩色玻璃窗，整个建筑显得非常高大。这些都是构成哥特式建筑风格的典型元素（图2-6、图2-7）。同时，哥特式样的建筑风格也影响到服装与服饰品风格与款式的变化。中世纪服装中的很多服饰元素都是哥特式建筑艺术在服饰上的折射，比如女性的汉宁帽（Hennin）、男性的波兰那（Poulaine）。

图 2-6　西班牙布尔戈斯大教堂

图 2-7　法国沙特尔圣父教堂的彩色玻璃窗和拱顶

三、服饰的男女差异

11至12世纪的欧洲服饰中融合了东方服饰文化的元素。这个时期的服饰大多以衣长较长的连衣裙式的款式为主。女子服饰的廓型逐渐朝着塑身、显露女性体形的方向发展，男子服饰与女子服饰的区别也越来越分明。"鲜兹"（Chainse）是男女都穿着的内衬服装，外面则穿着"布里奥"（Bliaud）。除此之外，还流行一种名为"曼特尔"（Mantle）的斗篷（图2-8、图2-9）。

1. **女子服——鲜兹、布里奥**

鲜兹是作为女子内衣穿在里面的丘尼克式贯头衣，多用白色细麻布制作。12世纪以后出现了薄毛织物、丝绸质地的鲜兹。鲜兹袖型较紧，袖口有刺绣装饰和系带，领子下面多有条纹或金银丝线装饰。布里奥则是穿在外面的服饰，一般多为薄丝绸质地，衣长与鲜兹相比略短，袖口比较宽大。布里奥上面常用熨斗熨出褶皱作为装饰。这种款式的服装衣身与袖子不是一体的，而袖子在当时可以理解为是一种装饰。有时一件衣身会配有多个袖子。为了袖子不至于拖地，也为了袖子里可以放一些物品，因此经常在袖口处做打结的处理。布里奥背

图 2-8　穿着布里奥的男子（12 世纪末圣吉尔斯大教堂的壁画）

图 2-9　穿着鲜兹和布里奥的亨利四世（12 世纪初的绘画）

部中部有系带，领口一般有刺绣装饰。在法国布里奥款式的服装先是在南方流行后传到北方。1130年这种款式的服装又传入英国，领口、袖口和下摆都有豪华的绲边或刺绣装饰。穿着布里奥时一般要搭配一条长腰带，腰带是布里奥的一个很重要的配饰。腰带的系法是先将腰带自前向后缠绕，然后再在后背处打结将腰带绕回前面并在身体前侧的低腰位处打结。腰带一般都带有穗状装饰，打结后一般将穗子垂于身体前侧。女子穿着布里奥时一般在领口处还会佩戴一枚领花或胸花（Corsage）。女性的布里奥从结构上逐渐趋于合体，尽可能地使布里奥有收腰或者合体的效果，同时通过加大下摆来配合收腰的结构以便突出女性的身体线条。

2. 男子服——鲜兹、布里奥、布莱（Braies）

男子与女子一样，同样是将鲜兹作为内衣。男子的鲜兹多以白色麻布或者薄毛织物为面料。衣长及脚踝，袖根一直到袖口是宽松舒适的廓型。男子的鲜兹外面也穿着布里奥，男子的布里奥多为毛织或丝绸质地，是一种非常宽松肥大的连体衣式服装。初期布里奥的袖子多为细窄型的紧身袖，到了后期布里奥的袖子逐渐变得肥大。这个时期的男子还穿着一种与裤子类似的服饰"布莱"（Braies）。布莱一般用麻布制作，裤腿宽松舒适且无裆，一般像袜子一样穿在大腿至脚踝的部分，上口用绳子系在腰里。有时还会配合穿着一种名为"肖斯"的长袜。

第四节　13～15世纪的欧洲服饰

在欧洲封建社会初期，各地之间经济联系薄弱。查理大帝虽然建立了强大的帝国，但它只是暂时的军事、行政的联合，后来很快走向解体。随后欧洲各地的城市兴起，经济联系逐渐增多。新兴的市民阶级与王权结成联盟，反对割据势力，从而帮助王权取得胜利，实现了国家的统一。13～14世纪，英国和法国出现了议会和三级会议，形成了议会君主制（又称等级君主制）国家政体。15世纪以后，由于资产阶级和贵族势均力敌，国家暂时获得一定的独立性，后英、法两国又形成君主专权，即绝对君主制。西班牙和俄国则形成了中央集权制国家。德国和意大利则长期处于分裂割据状态，大大小小的诸侯和独立的城市国家各自为政，不利于经济的发展。

当时封建制度的精神统治工具是基督教。在封建制度形成的过程中，基督教得到了广泛的传播，其地位日益得到提高和巩固。随着基督教的扩张，一切异教的文化都被排斥。整个欧洲社会都处在禁锢的思想意识和严酷政治的统治下。

进入13世纪，欧洲社会封建主义逐渐成熟。在这个时期骑士文化等中世文化的代表也得到了迅猛地发展，并逐渐成熟起来。

到了14世纪左右，资本主义在欧洲开始萌芽。由此，新兴资产阶级逐渐登上历史舞台。为了发展资本主义政治和经济，首先在意识形态领域展开了反对封建制度和天主教会的斗争。发动了文艺复兴运动和宗教改革运动。这些运动不断冲击着封建制度，促使其逐渐走向崩溃。

一、13 世纪的服饰

（一）毛织物的进步

这个时代的服饰风格还是基本延续着之前流行的款式。服饰中体现着中世纪基督教的禁欲主义和严格的身份暗示。与11、12世纪流行的质感轻薄和飘逸的薄麻或薄丝绸织物相比，13世纪以后流行使用带有厚重感、建筑感的毛织物面料。这是由于近200年的宗教战争以及西方的基督教与东方的伊斯兰教派之间的斗争，使得欧洲地区的丝绸输入量激减。同时，法兰德斯地区和法国的香槟地区毛织物产业发展迅猛，逐渐成为欧洲主要服饰面料的产地。这个时期裁缝公会的成立也使裁剪、缝制技术得到了提高和发展，裁剪观念从带有二维平面性的古典东方式样逐渐改变成为带有三维空间感的合体式裁剪概念。从此西方与东方的服装在构成形式和着装观念上彻底分道扬镳了。

（二）男女服饰

1. 科特

这个时代的女子将上个世纪（12世纪）流行的"鲜兹"作为内衣贴身穿着，但在这个时期这种裙装被称为"修米兹"（Chemise）。在修米兹的外面一般穿着一种名为"科特"（Cotte）的贯头式外衣。科特是一种男女同穿的T字形贯头式连体衣。由于这个时代毛织物织造技术的进步，所以科特的面料一般为毛织物。科特的上半身较为合体，下半身则为非常宽松舒适的裙子式样的造型，腰部用腰带系紧，同时结合后背中央的系带来穿着（图2-10）。科特的衣身及袖子的部分是一起裁剪出来的，为了使袖子从肘部到手腕处的线条更贴合人体，所以在袖子的下方通过线缝的方式来使袖型更合体。

2. 修尔科

这个时代在科特的外面一般穿着织锦或缎子质地的"修尔科"（Surcot）。修尔科是一种在正式场合或外出时使用的贯头式外衣，一般多为上层阶级或贵族穿用。修尔科分无袖和有袖两种，无袖的修尔科腋下一般有开口而且开口很大，有袖的修尔科袖子的长短和袖型变化则很丰富。修尔科的面料色彩一般要与里面穿着科特的颜色相区别（图2-11）。

3. 肖斯

男人下半身则穿着类似于袜子的名为"肖斯"（Chausses）的长裤。从外形上看肖斯很像现在女性穿的"长筒袜"或者紧身裤。这种紧身裤无裆，脚部的形状保持了袜子的形态。这个时期的服装尽可能地将肌肤全部包裹起来，这是基督教严格的戒律所规定的。

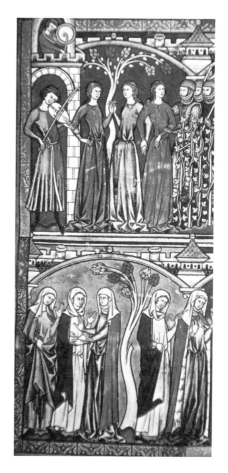

图 2-10　科特
（1250 年左右圣经题材的绘画）

图 2-11　画面上面的部分为上层
社会的生活，女性穿着修尔科
（公元 1250 年左右的绘画）

二、14 世纪的服饰

14世纪的服饰逐渐从之前的简单宽松的服装款式向剪裁精良的服装款式演变。14世纪中叶以后男女服装的款式也逐渐趋于造型上的分化。法兰德斯、布鲁塞尔、伊普尔地区毛织产业的繁荣，也使得这个时期毛织物成了服装的主要面料。其中法兰德斯地区的纺织技术精湛，生产出来的毛织品是当时质量最好的，深受欧洲贵族的追捧。因此，法兰德斯人的服装样式也影响了当时欧洲的服饰风格。由此也在某种程度上奠定了文艺复兴之后巴黎乃至法国成为服饰流行的起点。

（一）女子服饰

1. 科特

14世纪的女子与前世纪一样，先穿着作为内衣的修米兹，在修米兹外面穿着科特。

2. 修尔科·托贝尔

"修尔科·托贝尔"（Surcotouvert）取代了修尔科穿在科特之外。修尔科·托贝尔是一种无袖长袍，袖窿一直开到腰线以下，胸部一般装饰宝石和毛皮。这样的结构可以从侧缝看到女性腰部到臀部的曲线，随着身体的运动使女性腰部的曲线显得格外突出（图2-12）。修尔科·托贝尔在面料的选择上也非常考究，服装的色彩不仅考虑面料与里料的颜色对比关系，还要考虑修尔科·托贝尔与内衬服饰色彩的搭配关系。修尔科·托贝尔无论在服装的结构方面还是服饰的色彩方面都体现着女性服饰的综合美。随着修尔科·托贝尔的出现，14世纪中叶以后出现了一种取代科特的服装款式——"科塔尔迪"（Cotardie）。这种服饰起源于意大利，上半身非常合体，在前中或腋下用绳子收紧系合，通过加大的裙摆形成了凸显女性曲线的合体廓型。如图2-13所示，画中的皇后和侍女都穿着带有家族图案装饰的科塔尔迪。家徽图案被广泛地装饰在服装上，也是这个时期服饰的特征之一。皇后头上戴着的圆锥形帽子名为汉宁帽，也是哥特式建筑在服装上的反映（图2-14）。

（二）男子服饰二部式的演变

14世纪中叶男子的服装发生了巨大的变化。由于近百年的战争，男子服饰受到了军装和市民阶层服饰的影响，长款的服装逐渐发展为短款的上衣外套和肖斯长裤的组合。这种形式的穿着方式也是现代男装上衣和下装二部式的雏形。这种原本为士兵穿在铠甲里的名为"普尔波万"（Pourpoint）的服装，到14世纪中叶，逐渐发展成为男装上衣的最具代表性的款式，这种款式的男装一直延续到17世纪的路易十四时代（图2-15）。

图 2-12 14 世纪流行的修尔科·托贝尔

图 2-13 法国瓦卢瓦王朝国王路易
十二的皇后安妮和侍女的画像

图 2-14 15 世纪的科塔尔迪

图 2-15　普尔波万和肖斯

三、15 世纪的服饰

受到古希腊、古罗马文明影响出现的提倡人性回归的文艺复兴运动，几乎影响了14世纪直至16世纪。文艺复兴运动自14世纪以意大利为开端，16世纪以后相继影响到了德国、法国、西班牙、英国等国家。但是文艺复兴运动对于服饰文化的影响基本上是从15世纪末期开始的，在这之前服饰文化更多的还是受到哥特式样的影响。

图 2-16　女性的曼特
（1435 年油画《意大利商人夫妇》）

（一）女子服饰

这一时期女子服饰的特征是很深的领口，同时强调女性的细腰及高腰位，以及加大加长的裙子下摆。由于基督教的影响，人们常在衣服外披大型的斗篷，名为"曼特"（Manteau）。这种斗篷非常大，能将整个身体覆盖起来。用料多为高级的毛织物、天鹅绒。一般里料和面料色彩不同，形状为半圆形、圆形或椭圆形（图2-16）。14世纪末到15世纪中叶还流行一种名为吾普朗多（Houppelonde）的装饰性外衣。这种服装男女都穿，如图2-17所示，一般衣长及膝，套头或者前开式穿着，有时会带有高高的领子。

（二）男子服饰

15世纪普尔波万非常流行，这种款式的服装不但被贵族穿着，同时也在一般阶层男子中普及和流行。普尔波万一般款式很紧身、胸部用羊毛或麻填充使廓型带有膨胀感，同时腰部收紧，袖子与衣身通过扣子相连接。同时，与女性的汉宁帽一样，男性也穿着一种名为波兰那的尖头鞋，这两种服饰配件都是哥特建筑在服装上的映射（图2-18、图2-19）。

图 2-17　吾普朗多装饰性外衣

图 2-18　15世纪女性的科塔尔迪和男性的波兰那尖头鞋

图 2-19　中世纪男性的波兰那尖头鞋和女性的汉宁帽

思考题

1. 简述中世纪的社会与宗教背景对西方服饰发展的影响。

2. 列举拜占庭时期的典型服饰。

3. 简述哥特时期的服饰风格。

基础理论——

近世的服饰

课题名称： 近世的服饰

课题内容： 1. 文艺复兴时期的服饰

2. 巴洛克时期的服饰

3. 洛可可时期的服饰

课题时间： 12课时

教学目的： 使学生了解近世各时期的社会背景，并掌握近世各时期服饰的不同风格与特征。

教学方式： 理论讲授、多媒体课件播放

教学要求： 1. 了解近世各时期的政治、宗教以及社会背景

2. 了解近世各个不同时期服饰风格的特征与变化

第三章　近世的服饰

第一节　文艺复兴时期的服饰
（15 ~ 16 世纪欧洲服饰的新发展）

一、15 ~ 16 世纪欧洲三个契机

15 ~ 16世纪整个欧洲的传统天主教世界观开始趋于动摇。这个时代有三个契机影响了时代的面貌，推动了历史朝着近代发展。这三个契机分别为文艺复兴、新航线的发现、宗教改革。这个时期是欧洲社会向着"近代"发展的起点。通过这三个契机，新的思想意识开始确立，出现了打破旧格局的趋势。

（一）文艺复兴

文艺复兴是指14世纪中叶在意大利各城市兴起，以后扩展到欧洲各国，于16世纪在欧洲盛行的一场思想文化运动。这是科学与艺术革命的时代，揭开了近代欧洲历史的序幕，被认为是中古时代和近代的分界。史学家认为也是封建主义时代和资本主义时代的分界。13世纪末期，在意大利商业发达的城市，新兴的资产阶级中的一些先进的知识分子借助研究古希腊、古罗马艺术文化，通过文艺创作宣传人文精神。文艺复兴为欧洲近代三大思想解放运动（文艺复兴、宗教改革与启蒙运动）之一。

（二）新航线的发现

航海技术的发达以及地理学知识的丰富，使欧洲人向海外发展变为可能。很多欧洲国家开始寻求欧洲以外的市场。15世纪，葡萄牙探险家瓦斯科·达·伽马发现了新的欧印航线，并首次来到中国，接着又于1517年到达日本。他们返回欧洲时，带回了很多奢华的东方服饰配件，比如折扇。这种饰品很快风靡了整个欧洲的上流社会。

（三）宗教改革

宗教改革运动首先起源于德国。14 ~ 16世纪，欧洲社会从中世纪向近代过渡，人文主义者批判中世纪教会的蒙昧、禁欲说教与封建的等级制度，鼓吹个人的自由、平等与欲望，提倡竞争进取精神与科学求知的理论，极大地推动了人们的思想解放与观念更新，构成了对天主教神权的巨大冲击。英国的亨利八世起初是支持并捍卫天主教会的，但当教皇拒绝批准他和第一任妻子离婚时，亨利八世断绝了同罗马的关系，宣布国王成为英国教会的最高首脑，断绝英国教会与罗马教廷的关系，英国民族教会出现。

二、意大利的服饰

（一）文艺复兴运动的社会背景

起始于14世纪早期的文艺复兴运动在15世纪末达到顶峰，并一直延续到16世纪。文艺复兴运动的主旨就是"人文主义"。人文主义反对中世纪的神权主义，提倡以人为本，以人为中心的精神理念。人文主义注重人性以及个性的体现，提倡将人们的意识从中世纪的宗教的、封建的束缚中解脱出来。这种人文主义的理念几乎影响了当时社会的各个层面，尤其对于艺术和服饰领域的影响更加深远。15世纪文艺复兴迅速传遍了西欧，其中心主要集中在意大利北部中部的几个城邦，佛兰德斯成为当时重要的艺术、商业中心，同时也是繁荣的面料中心。佛兰德斯的纺织工人以英国进口羊毛为原料，生产出欧洲最奢华的织物。文艺复兴时期人们的自我意识越来越明显，服装乃至服饰流行的重要性也日益突出。中世纪各国服装款式各有千秋，到了文艺复兴时期服装样式又开始趋于统一。交通运输越来越方便快捷，奢侈品借此不断扩张市场，人们开始追求流行。裁缝同业公会在这个时期已经出现，势力强大的裁缝公会首先制订了服装裁剪的标准，裁缝则根据这些标准按客户需求来为他们制作服装。

（二）开放的意大利时尚

1. 斯拉修——男子普尔波万的装饰

文艺复兴时期男子的装束主要是衬衫（夏次）、上衣（普尔波万）、裤袜（肖斯）。衬衫一般被作为内衬的服饰穿着。质地一般为麻质面料，在服装的边缘一般装饰着金色、黑色、红色的丝线刺绣，领子一般为圆形或V形。衬衫外一般穿着普尔波万，下身穿着肖斯。这个时期的普尔波万一般较短，衣长及臀，领子有圆领、立领等，衣身则逐渐向横宽发展，袖子上都装饰着一种名为"斯拉修"（Slash）的装饰，这也是这个时期的独特装饰。这种斯拉修装饰是文艺复兴时期最具影响、流行时间最长的服装装饰，源于1477年查理斯的第一次战败经历。瑞士人在南希战胜查理斯的部队后，剪破查理斯部队的帐篷、华丽的旗帜以及奢华的军服，用这些碎片来缝补他们自己衣服的裂口。从这一刻起，带有斯拉修装饰的所谓"开缝"或者"切痕"的服饰开始流行起来（图3-1）。人们把衣服的接缝处拆开或在衣服上故意开缝，这样衣服的衬里就显露在外面，作为内衣的修米兹与外衣的面料色彩形成鲜明的对比。带有斯拉修装饰的服饰在文艺复兴时期适用于男女各类服饰，在男子服饰中尤为流行，并成为文艺复兴晚期最具特色的服装装饰。这个时期作为内衣的修米兹逐渐变短，被称为夏次（Shirt，现在衬衣的雏形）。肖斯很紧身，有时搭配半长靴穿着。此时男子服饰的重心侧重在上半身。普尔波万成为男子从15世纪中期以后到17世纪的主要服饰（图3-2）。

2. 罗布——女子罩裙

这个时期意大利女装最具代表性的特点就是将精巧的设计与奢华的面料完美地结合。这个时期的服饰面料非常奢华及精美，包括带有华丽刺绣的天鹅绒和软缎、绫、用金线镶嵌珍珠的织物等。从俄罗斯等地传入的黑貂皮，松鼠、狐、山猫、山羊的毛皮也是贵族们常用的服饰材料。从东洋进口的宝石、法国豪华的织锦都是当时服饰上流行的装饰。这些绸缎和天鹅绒大多是在威尼斯制作的。女子流行穿一种连衣裙，称为"罗布"（Robe），这种连衣裙一般领口呈一字形或V字形，腰位较高，衣长及地，袖子一般与衣身分离，用系带方式相

图3-1 带有斯拉修装饰的男子服装
（萨克森公爵画像，1514年）

图3-2 男装二部式普尔波万和肖斯的组合
（1470年的绘画作品）

连，在袖子的肘部等部位有很多的斯拉修切痕装饰，从这些带有斯拉修的部位可以看到里面白色的修米兹（图3-3、图3-4）。

三、欧洲诸国的服饰
（一）社会背景

中世纪是欧洲历史上所谓的"黑暗的时代"。基督教教会成了当时封建社会的精神支柱，在教会的管制下，中世纪的文学艺术死气沉沉，科学技术也没有什么进展。黑死病在欧洲的蔓延，也加剧了人们心中的恐慌，使得人们开始怀疑宗教神学的绝对权威。中世纪后期，在生产力的发展等多种条件的促生下，资本主义萌芽首先在欧洲的意大利出现。资本主义萌芽的出现为文艺复兴思想运动的兴起提供了可能，也为文艺复兴的发展提供了深厚的物质基础和适宜的社会环境。14世纪末，许多欧洲的学者要求恢复古希腊和罗马的文化和艺术。这种要求就像春风，慢慢吹遍整个西欧，文艺复兴运动由此兴起。此时的欧洲西北沿

图3-3　罗布罩裙
（1485年油画《施洗者圣约翰》）

图3-4　带斯拉修装饰的罗布
（新圣母大教堂的壁画）

海地区的国家❶是北欧、西欧、南欧的重要商业中心。佛兰德斯地区的毛织物贸易非常的繁荣。在德国、意大利、法国、西班牙也都分别出现不同艺术领域的艺术家、画家、作家等。

（二）欧洲诸国的服饰

1. 带有夸张填充物的男装

男子的服装在剪裁上开始强调男子强健的体魄。为了让肩部和胸部更显宽阔，往往在衣服里填塞入干草，在腰部系上皮带。文艺复兴时期的服饰最典型的特征就是通过使用人工的辅助性器具将人体的廓型塑造成看上去僵直的夸张廓型。这个时期的男女服饰上都使用斯拉修、填充物、拉夫领等装饰。自美洲新大陆被发现以来，国力强大的西班牙逐渐取代了意大利成为引领欧洲服饰流行的国家。西班牙在美洲新大陆推翻了阿兹特克帝国的统治，把当地的原住民变成了奴隶，在当地大力开采矿藏为欧洲输送了大量的银。在法国从弗朗索瓦一世到亨利四世时期，在英国从亨利八世到伊丽莎白一世时期，都受到了西班牙服饰风格的影响。

（1）西班牙服饰。

西班牙男子服饰的主要款式为普尔波万、肖斯以及西班牙风格的外衣凯普。这个时期的普尔波万还是沿袭了16世纪初时的紧身合体的廓型，并在腰部加入了巴斯克（Basque，裙裾式下摆）的造型，使普尔波万的廓型从腰部开始出现了裙裾式的下摆（图3-5）。当时制作普尔波万的面料多为软缎、天鹅绒、塔夫绸、织锦以及意大利产的丝织物。后来由于过分

---

❶ 广义上包括荷兰、比利时、卢森堡以及法国北部与德国西部，狭义上则仅指荷兰、比利时、卢森堡三国，合称"比荷卢"或"荷比卢"。

图 3-5 腰部加入了巴斯克裙裾式下摆的普尔波万

地使用意大利产的奢华面料，欧洲全境颁布了以限制服装面料和品质为主的法规，禁止使用过于奢侈的面料制作服装。同时各个国家为了避免大量购置意大利产的奢华面料而使国内资本外流，因此都各自在国内设置了政府指定的织物工厂。法国在里昂设立了政府指定的织物工厂，德国在迈森设立了政府指定的天鹅绒织物工厂。男子服饰中出现了一种穿在肖斯外面的带有膨胀造型的短裤，名为"布里齐兹"（Breeches）或者"奥·德·肖斯"（法语Haut de chausses），如图3-6~图3-8所示。这种短裤通过使用大量的填充物来塑造极为膨胀的造型。布里齐兹短裤裆部的结构非常特殊，要用一块倒三角形的布来遮挡裆部，这块布名为

图 3-6 普尔波万、布里齐兹示意图

图 3-7 男装内部结构示意图
（普尔波万与布里齐兹在腰部用系带方式连接）

"科多佩斯"（Cod piece）。科多佩斯一般装饰有斯拉修，也会使用填充物使其造型越来越夸张。同时还装饰着奢华的刺绣纹样以及镶嵌各种宝石和珍珠作为装饰。科多佩斯是这个时期男子服饰的标志性装饰，也以此来彰显男子的第一性特征（图3-9）。

图 3-8　带有填充物的布里齐兹（油画《裁缝店》）

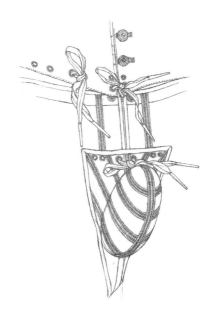

图 3-9　科多佩斯内部示意图
（穿着时外面覆盖华丽面料及装饰）

在宫廷中男子穿着的肖斯质地一般为丝绸。后来英国发明家威廉·李（Welliam Lee）在1589年发明了手工针织机，开始主要用以织制毛袜。肖斯的面料也随之逐渐开始流行毛织物材质。此时斯拉修的装饰被更广泛地使用，在科多佩斯、短裤、鞋、帽子上都普遍使用。与此同时，填充物的使用也跟斯拉修一样广泛。填充材料以麻、毛为主，主要使用在服装的肩、袖、腰、腹等部位。1570年以后斯拉修和填充物的装饰达到了全盛期，服装中还出现了一种颈部的装饰"拉夫（Ruff）领"（图3-10、图3-11）。

（2）法国服饰。

法国在经历了弗朗索瓦一世和亨利二世时期后进入了绝对王权时代。弗朗索瓦一世被誉为"法国历史上最会穿着的君主"。如图3-12所示，他穿着的普尔波万剪裁非常合体，斯拉修的使用恰到好处，里面穿着的白色衬衣似隐似现。在亨利三世时代，法国正处在宗教战争时期，以宫廷服饰为中心，开始流行"矫饰主义"的美学理念。这种

图 3-10　蕾丝拉夫领

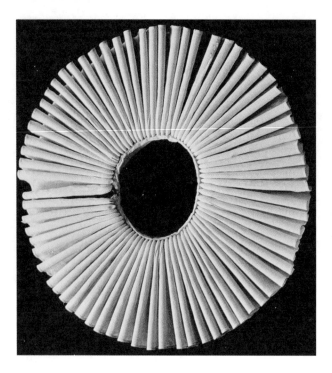

图 3-11　棉质拉夫领

图 3-12　文艺复兴时期法国式样男装
（弗朗索瓦一世画像，1515 年）

图 3-13　亨利八世画像图（汉斯·荷尔拜作）

理念极大地影响了人们的着装意识。亨利三世是瓦卢瓦王朝的最后一个王，他也是"宫廷小丑"形象的首创者。在宫廷的一些庆典活动中，他描眉，精心地将胡须修剪成髯须，在脸上扑红色的粉，喷气味浓郁的香水，戴着耳环，拿着手袋。

（3）英国服饰。

英国的亨利八世时代（1509—1547）强调男性特征的"箱型"廓型的服装非常流行。就像汉斯·荷尔拜因给亨利八世所画肖像画上所描绘的一样，如图3-13所示，亨利八世上半身的服装呈现长方形的所谓"箱型"廓型，而下半身则呈现紧身的廓型。这两种廓型是因为受到了德国和瑞士服饰风格的影响。从这张肖像画中可以看到当时男子服装基本的构成。当时英国男子由内向外依次穿着夏次（Shirt，内衣修米兹变短）、达布里特（Doublet，普尔波万改用的名称）、霍斯（Hose）。在达布里特外面穿着夹克或夹肯（Jacket，Jerkin）。在一些特殊场合、仪式以及特殊气候的情况下会在最外面穿着嘎翁外套（Goun）（图3-14）。为了露出内衬的夏次，所以达布里特的领口一般开得都比较低，下摆呈椭圆形像裙摆一样敞开。亨利八世时代的达布里特胸部非常伸展，衣身上有很多刺绣装饰。同时斯拉修呈"O"形，露出里面白色亚麻布的修米兹。伊丽莎白女王时代的达布里特与亨利八世时代不同，衣身变得较短，呈"V"字形，袖子较窄，同时出现了高高的拉夫领，搭配达布里特穿着（图3-15）。

图 3-14　英国亨利八世时期男装
（油画《大使们》，1533 年）

图 3-15　伊丽莎白时期的男装
（罗伯特·达德利伯爵画像，1560 年）

2. 带有几何线条的女装

随着欧洲绝对王权的确立，西班牙逐渐成为欧洲强国，而西班牙的服饰也成为贵族服饰的典范。西班牙样式的服装也影响着这一时期欧洲诸国的贵族服饰风格。与意大利注重显露女性胸部的服装风格相比，西班牙样式的服装则是通过紧身胸衣，用人工的方式将女性腰身束紧，塑造一种带有几何感的形式美的女装廓型。

（1）西班牙样式的罗布。

西班牙样式的罗布在造型上将人体塑造成了上下两个圆锥形。将罗布分为上下两个部分，通过腰线相连接，以此来表现几何感的线条。罗布下半部分的裙子呈圆锥形造型，而整个裙子不出现一个褶皱（图3-16～图3-18）。与之相对，上半身则使用束腰的紧身胸衣"巴斯克依奴"（Basquine），将女性上半身的线条塑造成几何感的V字形。女性的腰被勒得很细，胸也被包裹在平整的倒圆锥形的巴斯克依奴里。巴斯克依奴里最初将多枚硬木、鲸须、金属、象牙等材质的条状物插入两片厚麻布中，这就是紧身胸衣的基本形式（图3-19～图3-21）。16世纪前后，曾经出现过为了矫形用的钢铁制的紧身胸衣。裙子的部分为了塑造几何感的造型，在裙子里面使用了名为"法勤盖尔"（Farthingale）的类似吊钟的圆锥形裙撑。这种裙撑最初是在厚的亚麻布上缝进鲸鱼须做龙骨，有时也用藤条、棕榈、金属丝等材

图 3-16　文艺复兴早期
意大利风格罗布（萨克
森公爵夫人画像，
1514 年）

图 3-17　带有 V 字形紧身胸衣的
罩裙（亨利八世的第三任
王妃珍·西摩画像，1536 年）

图 3-18　西班牙式样罗布（西班牙
公主伊莎贝拉·克莱拉·尤金尼亚
画像，1584 年）

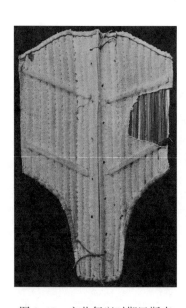

图 3-19　文艺复兴时期巴斯克
依奴局部

图 3-20　女性胸衣实物照片

图 3-21　巴斯克依奴内部剖面图

料做骨架。通过一些辅助道具将女性的身体造型改变，用服装将人体自然的曲线掩盖住，也
是文艺复兴时期西班牙服装风格的重要特点。男性服装也有同样的特点，比如男性服饰中使

用拉夫领将脖子掩盖住，而袖子通过填充物的使用也改变了胳膊的自然曲线，出现了"羊腿袖""基哥袖"。

（2）法国样式的罗布。

法国样式的罗布基本上与西班牙式相仿，但是裙撑的部分发生了一些变化。法国人创造了一种新的裙撑形式，名为"奥斯·克尤"（Hausse cul）。这种裙撑用马尾织物做成造型像轮胎一样，里面塞满填充物并用铁丝定型。这种裙撑穿在修米兹衬裙外，再在外面穿上罩裙罗布，形成了与西班牙罗布不同造型的裙型。由于这种新式的裙撑使用起来更加方便，因此在法国上流社会非常流行。

（3）英国样式的罗布。

英国女子的服饰在亨利八世和伊丽莎白女王时代是有所不同的。而文艺复兴鼎盛时期英国正处在伊丽莎白女王时代，这时的女子服饰最有代表性。英国女子的服饰造型基本上沿袭了西班牙和法国的服饰风格。但是在法国式裙撑上罩了一个圆形的盖子，盖子的外沿用鲸须或金属丝撑得很圆，这样使得罗布的外轮廓更加清晰。在伊丽莎白的肖像画中能看到很多这样的造型。这种裙撑在英国被称为"威尔·法勤盖尔"（Wheel Farthingale）。同时英国女子的罗布还流行羊腿袖，这也是英国女子服饰的一个特点。如图3-22所示，图中伊丽莎白女王穿着带有"羊腿袖"和"威尔·法勤盖尔"式样裙撑的服装。当时的贵族纷纷效仿女王的装束，伊丽莎白女王的服饰也就成为当时英国最具代表性、最流行的服装风格。伊丽莎白女王经常使用一种由男性的"拉夫领"演变来的领部装饰，后来这种领部装饰被命名为"伊丽莎白领"。这种领子有很多种，有单层的也有多层的，一般使用浆过的蕾丝配以金属丝骨架制作而成（图3-23、图3-24）。

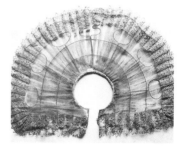

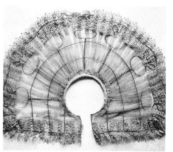

图 3-22　英国式样的罗布　　　图 3-23　伊丽莎白领图　　　图 3-24　伊丽莎白领细节图
（伊丽莎白一世画像，1593 年）　（伊丽莎白一世画像，1585 年）

第二节 巴洛克时期的服饰（绝对主义王权的盛衰）

从16世纪开始，由国王支配的绝对主义王权政治盛行于欧洲的各个国家。最初是西班牙，其次是英国，17世纪这种政治体系也流传到了荷兰。17世纪后半叶，法国的波旁王朝、普鲁士、俄罗斯帝国的强大是绝对主义王权政治的顶峰。在菲利浦二世时代，由于大量开采银矿以及毛织业的迅猛发展使得西班牙成为欧洲强国。但是后来由于对法国宗教内战的干涉以及对外政策的失败，西班牙在欧洲的统治地位开始趋向衰落。而英国逐渐打破了西班牙"无敌舰队"的神话，在1600年成立了东印度公司，逐渐成为新的殖民霸主。法国在路易十三、路易十四时代则迎来了兴盛期。

17世纪是欧洲历史上一个重要的变革期，服装也在这个时期产生了多次变革。17世纪初，由于荷兰逐渐成为欧洲的强国，因此16世纪流行的西班牙样式的服装到了17世纪逐渐被荷兰风格所取代。17世纪中期以后，英国也逐渐强大起来，进入了资本主义社会，由此英国服饰的风格也影响到了欧洲其他国家。当时的法国在经历了亨利四世后，在路易十三、路易十四时代，男女服饰都出现了较大的变化。

另外，17世纪盛行巴洛克风格。巴洛克（Baroque）是一种代表欧洲文化的典型的艺术风格。这个词最早来源于葡萄牙语（Barocco），意为"不合常规"，最初特指形状怪异的珍珠。意大利语中有奇特、古怪、变形等解释，后作为一种艺术形式的称谓。17世纪巴洛克风格在欧洲普遍盛行，这是一种与文艺复兴艺术精神完全不同的艺术形式。巴洛克风格同样也影响了当时服装的发展。从某种意义上讲，17~18世纪的巴洛克时代可以被称为"男人的时代"。男人的服饰中出现了过度的装饰，甚至出现了一般用在女装上的装饰，比如蕾丝、缎带、蝴蝶结等。

一、路易十三世时代的服饰（1610—1643）

（一）社会背景

17世纪的荷兰商人势力越来越强大，他们拥有社会中巨大的财富，逐渐成了社会的中坚力量。权力和财富也被控制在这些新的阶层中，所以这些新兴阶层的服装样式也逐渐被大众所关注。这个新的中产阶级被称为"新教徒"，掌握了当时荷兰社会的实权。而欧洲最富裕的阶层也逐渐变为新教徒阶层，这些新阶层的生活方式逐渐取代了极尽奢华的贵族生活方式，中产阶级在社会中占据了重要的位置。在服装史中第一次出现了以中产阶级的服装样式引导潮流的局面。

男子服饰从1625年至1635年出现了明显的变化。这种变化首先出现在荷兰，后逐渐向整个欧洲蔓延。服饰流行的中心由前个时代的西班牙转变为荷兰，在服装上装饰填充物、刺绣、镶嵌珠宝、切痕的方式逐渐消失。

（二）男子服饰

17世纪前半叶男子上衣普尔波万的长度变得越来越短，与之相反下身的肖斯则变得越来越长。而荷兰服饰风格的特点是，填充物被取消，服装整体造型变得宽松。此时的普尔波万肩线倾斜度很大，拉夫领变成了大翻领或翻折下来的平领和披肩领。这个时期普尔波万的下摆非常有特色。为了强调男性上半身的造型，在普尔波万的腰线位置加入了一种扇形下摆，这种下摆就是"佩普拉姆"（Peplum）。此时的肖斯逐渐变为一种细腿裤，被称作"克尤罗特"（Culotte）。这种裤子一般裤长及膝，并在膝部用缎带扎紧裤口，裤口一般都装饰有蝴蝶结。穿着这种"克尤罗特"裤子时必须要配长筒靴，这种长筒靴靴口很大，有时还会翻折下来，在靴口还会装饰着华丽的蕾丝边。荷兰风格的男子服饰受到了"骑士文化"的影响，当时男性们流行通过使用服饰品来效仿"骑士"的装扮。因此贵族男性常佩剑并头戴装饰着羽毛的宽檐帽子。荷兰风时代男性还流行披肩长发，因此这个时期假发也极为流行，当时的男性大都佩戴披肩假发（图3-25～图3-27）。

图 3-25　荷兰风格的男子服饰（汉密尔顿公爵画像，1629 年）

图 3-26　荷兰风格的男子服饰（洛林时代亨利二世画像，1631 年）

图 3-27　荷兰风格的男子服饰（荷兰风时代的伯爵画像，1660 年）

（三）女子服饰

17世纪的女装强调自然比例，讲究穿着舒适与自由随意。荷兰风格时期的女装也同男装一样与之前的时代有了明显的变化。1615年西班牙菲利浦三世的女儿嫁给路易十三做王妃。

由于王妃还沿用着传统的西班牙风格的奢华服饰，在1615年前后西班牙风格的服饰还在流行。因此，荷兰风格女装的流行要比男装晚了将近10年。西班牙样式的服装重装饰、服装上经常使用大量的刺绣、宝石装饰，使女性服装变得非常笨重，1640年后随着服装禁止奢侈令的颁布，西班牙样式的服装才逐渐被荷兰样式的服装所取代。荷兰样式的女装去掉了西班牙样式的烦琐装饰，服装更便于活动。这个时期的女装与男装一样，去掉了袖子上的填充物装饰以及裙撑法勤盖尔的装饰。服装造型也脱离了西班牙风格的僵硬感，服装廓型变得平缓、柔和、浑圆。除了同男装一样使用大翻领之外，还出现了低胸的袒胸样式。因为服装上的装饰减少了，所以服装的色彩就变得尤为重要，荷兰样式的女裙非常注重色彩的搭配。女性通常会穿三条不同颜色的裙子。为了展现裙子的颜色，当时女性走路时经常把外裙提起来行走，以便露出里面的裙子。

二、路易十四世时代的服饰（1643—1715）

（一）社会背景

到了17世纪后半叶，法国的路易十四亲政。他在加强中央集权的同时，推行重商主义政策，竭力鼓励对外贸易。通过设计东、西印度公司等垄断企业来实现其贸易的统治地位。与此同时，路易十四自称"太阳王"，在凡尔赛宫大兴土木建造巨大的园林，以供皇室和贵族享受。由于路易十五本人非常喜欢舞蹈，他鼓励艺术创作，自己也经常自编舞蹈，并常在凡尔赛宫举行各种各样的舞会。当时巴黎云集了大批的建筑家、画家、雕刻家、园艺家和工艺家。路易十五也非常重视服装，希望通过服饰彰显他的权威，他经常定制一些专门用于舞蹈的服饰。当时法国成了欧洲时尚的中心。欧洲其他的国家都追随法国的流行服饰成为风气。为了方便巴黎最新款式的服饰能很快传到欧洲其他国家，因此当时出现了一种专门用来传递流行讯息的人偶。当时法国的裁缝将最新的款式穿在按比例缩小的时装人偶身上，每个月运往欧洲的其他城市和王宫。而包装这些人偶的盒子在当时就被称为"潘多拉盒子"。1672年后出现了最早的专门用于传递时装信息的杂志，这本杂志名为《麦尔克尤拉·嘎朗》，杂志通过用铜版纸绘制的时装版画来传递法国最新的时尚信息。这也可以说是现代时尚媒体业的开端。法国开始逐渐成为新的流行中心，巴黎成为欧洲乃至世界时装的发源地。

（二）男子服饰

法国风服装以男装变化最为显著，这个时期也是服装史上男装装饰最为奢华的时代，也是巴洛克风格服装的典型代表。路易十四时代男子的典型服饰有鸠斯特科尔、朗葛拉布、贝斯特等。同时服装配件也是这个时代男装的特色，比如，缎带、蕾丝、克拉巴特领饰、假发等。1661年至1670年男子的普尔波万上衣衣长极度缩短，衣长及腰，袖子变成短袖或无袖。下半身出现了一种类似裙裤的裤装名为"朗葛拉布"（Rhingrave）。这是一种长及膝的宽松短裤，穿着时通过腰部的缎带与上身的普尔波万相连接。1670年至1715年男子的服饰则变化为更接近近代服饰的夹克、背心、裤子的三件套式样。这个时代是男装变化较大的时代。中世纪开始流行的普尔波万衣长变得极短，逐渐地被机能性较强的款式所取代。1670年出现了一种名为"鸠斯特科尔"（Justaucorpr）的新式男子上衣，这是一种紧身合体的服装。"Justaucorpr"原意就是合体的意思（图3-28）。贵族穿用的鸠斯特科尔在衣身前片的边缘

图 3-28　路易十四时代非常流行的"鸠斯特科尔"

以及口袋上装饰着奢华的刺绣。这种款式的服装源自于军服，后来逐渐演变为腰身更为合体的衣长及膝的男子上衣并改称为鸠斯特科尔。这种服装直至19世纪中叶以前成为男子服饰的基本造型。鸠斯特科尔廓型收腰、从腰围至下摆处呈扇形展开，袖口较大并且一般将袖口翻折上来，无领，在门襟、下摆开衩等位置装饰着很多扣子。奢华的面料、刺绣以及装饰性的纽扣是鸠斯特科尔最有代表性的特点（图3-29～图3-31）。由于鸠斯特科尔上的纽扣主要起到了装饰的作用，因此大多使用非常奢华的材料，比如金、银、珠宝等材质，一般都不会扣上，只是在腹部的位置上会扣上一两颗。现代男人穿西装时只扣第一颗扣子的习惯就是源自于这个时期扣子的特殊作用。在穿着鸠斯特科尔时一般里面会搭配穿着一种类似背心的名为"贝斯特"（Veste）的服装。最初的贝斯特衣长较长而且一般为长袖，后来逐渐演变为短袖

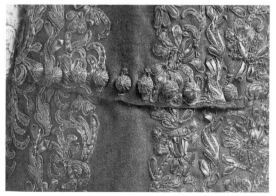

图 3-29　路易十四时代鸠斯科尔口袋上的装饰细节

且衣长也随之变短。1670年颁布了禁止在男子上衣中使用豪华面料的禁令，为了反对这个禁令，当时的贝斯特出现了丝质面料，并且上面甚至用金线进行刺绣装饰。由于鸠斯特科尔是

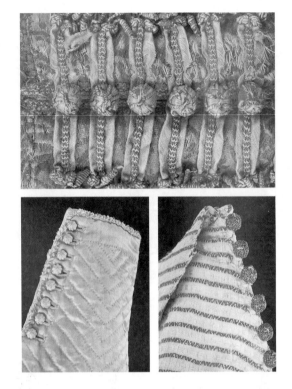

图 3-30 路易十四时代鸠斯特科尔袖口上的装饰细节

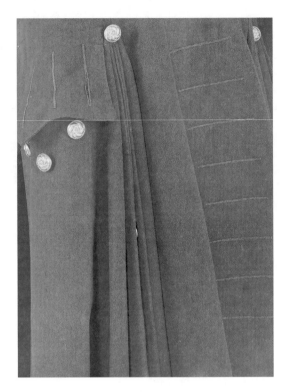

图 3-31 鸠斯特科尔装饰细节

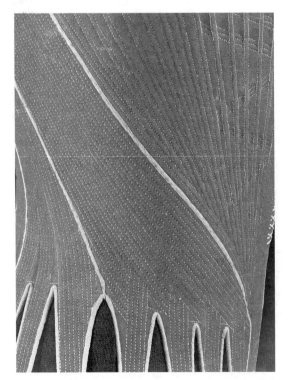

图 3-32 路易十四时代女子紧身胸衣的细节

无领的，所以一般穿着时还会搭配一种蝴蝶结式的领饰名为"克拉巴特"（Cravate）。当时男子使用的克拉巴特一般用薄棉布、亚麻布或薄丝绸来制作。

（三）女子服饰

这个时期女装的变化没有男装那样丰富，基本延续了路易十三时代女装的特点与造型。1661年至1670年之间女性服装的基本款式与路易十三时代并无太大的变化，只是更加强调细腰的造型。为了达到体现细腰的目的使用了一种名为"苛尔·巴莱耐"（Corps baleiné）的紧身胸衣。这种胸衣一般用厚麻布制作，并在衣片中嵌入了很多鲸须，然后再覆上一层华丽的面料。这种胸衣一般是无袖的，穿着时通过系带的方式可以任意搭配长袖或短袖。同时在腰部呈扇形状展开，这种结构穿着时易于活动（图3-32）。这个时期最有代表性的应该是此时女性的一种独特造型，名为"芳坦鸠"（Fontange）。1671年至1715年这段时间里，女装的款式与之前的时代相比变化并不大，只是裙摆更长了，同时出现了一种高发式，使得整个女装显得更加优雅、高贵。这种高发髻原本是路易十四的情人非常喜欢的发式。这种发式的形状有很多种，为了增加发髻的高度会使用了假发甚至铁丝骨架，为了增加美感还在发髻上装饰着亚麻布、蕾丝质的波浪状扇形装饰。

第三节　洛可可时期的服饰（产业革命与市民革命）

　　18～19世纪欧洲诸国逐渐由旧的绝对主义王权政治向新型近代社会体制变革。随着市民革命与产业革命两大革命的进行，欧洲社会逐渐开始向资本主义社会转变。从路易十四统治后期，尤其是1715年路易十五继位，法国乃至整个欧洲的艺术价值取向与17世纪那种典型的巴洛克风格相比发生了很大的变化。如果说17世纪的巴洛克风格是"男人的时代"，那么18世纪的洛可可风格就是"女人的时代"。

　　洛可可（Rococo）艺术是产生于18世纪法国的一种艺术形式。"洛可可"一词来源于法语Rocaille，原意是"贝壳"，引申含义指"像贝壳表面一样闪烁"。它最初是指建筑的某些样式以及室内陈设和装饰的样式。由于受到了当时法国国王路易十五的大力推崇，也被称为路易十五艺术风格。1755年一位名为柯尚的雕版师首次使用"洛可可"一词来嘲讽路易十五时期某些花里胡哨的过度装饰图样，后来这个词逐渐演变为一种艺术风格的代名词。被称为洛可可的艺术风格主宰了18世纪前半期，它以上流社会男女的享乐生活为对象。路易十五的情妇蓬巴杜夫人、杜巴丽夫人的趣味左右着宫廷，致使美化妇女成为压倒一切的艺术风尚。路易十六的王妃玛丽·昂特瓦耐特也带动了洛可可式样女装的流行。在上流社会出现了与宫廷生活相对的资产阶级沙龙文化。"沙龙"是当时最流行的社交中心，沙龙文化的主旨是只追求现实的幸福和享乐主义。这种文化背景与生活方式的影响下，注重外表形成了洛可可时期女装的重点。

　　洛可可风格服饰的代表是女装，这个时代的女性由于特殊的时代背景形成了特殊的生活方式，这也是造就了洛可可式样女装风格的重要背景。"沙龙"是当时贵族女性最重要的社交场所，也是女性们最重要的生活方式之一。在沙龙里女性是中心，甚至是供男性观赏和追求的"艺术品"，因此在这样的社会背景下女性的着装理念就更趋于形式感，而外在的形式美则在这个时期的女装中发展到了极致。在追求外在美的审美观念下，通过大量使用紧身胸衣、裙撑等人工整形工具来强调女性的曲线美。使用人工雕琢的方式来展现的女性曲线美在洛可可时期达到了巅峰。

一、路易十五世时代的服饰（1715—1774）

（一）社会背景

　　路易十五是太阳王路易十四的曾孙，他的父亲是路易十四的孙子勃艮第公爵。路易十五执政后期，宫廷生活糜烂，路易十四时期的经济问题也没有得到很好的解决。从1726年到1743年，是他执政期间最繁荣太平的一段时期。这个时期的沙龙文化也发展到了鼎盛时期。人工雕琢的女装造型达到了非常夸张的程度。

（二）男子服饰

从17世纪中后期男子服饰的标准三件套为鸠斯特科、贝斯特、裤子的组合，从这个时代开始，男装以这几款服装为主的格局基本形成。到了18世纪男装在三件套基本型的基础上逐渐向近代男装发展。紧身合体的男子服饰是这个时期男装的代表。鸠斯特科尔到了18世纪开始改名为"阿比"（Habit），造型与之前相比没有太大变化。在18世纪，从法国开始阿比作为欧洲各国的公服被穿着（图3-33～图3-35）。阿比的肩部、腰部的造型都比较窄且合体，袖口较大，与女装的帕尼埃形成呼应。阿比一般选用丝织面料，衣身上有很多刺绣装饰，面料的颜色也相对优雅。纽扣是"阿比"男装的重点，在阿比的前面装饰着一排甚至两排密密麻麻的纽扣，袖口和口袋盖上也装饰着很多纽扣。这个时期纽扣的装饰性高于其功能性，纽扣更多的不需要扣上，只是起到了装饰作用，甚至纽扣的表面还要用金丝、银丝来装饰。到了路易十五时代后期，由于受到英国军服的影响，阿比开始注重服装的功能性，款式上则变得更加合体及简约（图3-36）。下半身则配以名为"克尤罗特"（Culotte）的紧身裤，这种裤子非常合体，甚至连腿部的肌肉都清晰可见，长度一般在膝部稍下一点的位置。

图3-33　路易十五时代男子的"阿比"造型

图3-34　18世纪男装细节

图 3-35 "阿比"的细节　　　　　　　　图 3-36　18 世纪男子服饰的纽扣和细节

（三）女子服饰

1. 嘎翁式罗布——优雅的女子罩裙

这个时期一种名为"嘎翁式罗布"的罩裙开始流行。这种罩裙当时是宫廷的正式服装。嘎翁式罗布的基本款式是前开型长裙，其典型特征就是大的"V"字形领口以及后背的普利兹褶。在"V"字前开式前片内装饰着三角形的胸衣饰片，内衬紧身胸衣及帕尼埃裙撑。罩裙背部的这些褶皱被称为"瓦托·普利兹"（Watteau plait），也是这款罩裙最重要的特点。这些褶皱从领口开始一直延伸至裙摆处，女性穿着这种带有褶皱的长裙走动起来显得非常飘逸（图3-37～图3-42）。这种罩裙是18世纪最基本的裙装款式，整个世纪中这种裙子的基本型并没有明显的变化，只是裙子上的一些细节装饰根据不同时代人们的喜好而有所变化。当时路易十五的情人蓬巴杜夫人非常喜欢穿一种名为"罗布·阿·拉·法兰西兹"的罩裙，这种罩裙的款式与嘎翁式罗布的款式很相似。由于蓬巴杜夫人非常喜欢这种款式的罩裙，因此"罗布·阿·拉·法兰西兹"式罩裙后来成为洛可可时期最典型的宫廷女装。由于这种裙型非常优雅，路易十五的情人非常喜欢穿着，当时的女性都争相效仿穿着这种款式的罩裙。路易王朝的皇室以及其他贵族也模仿蓬巴杜夫人穿着这种罩裙，使得这种裙子流行了好几十年。"罗布·阿·拉·法兰西兹"与嘎翁式罗布款式上基本一样，只是在细节装饰上有些变化。比如，罩裙的"V"字前开式的领子边缘装饰着很多缎带，服装的边缘装饰着刺绣，袖口装饰着多层高级蕾丝。而且蓬巴杜夫人非常喜欢在穿着罗布·阿·拉·法兰西兹

图 3-37　洛可可早期男人和女人的装束（油画《爱的告白》，1731 年）

图 3-38　法国罗布·阿·拉·法兰西兹
后背部的瓦托·普利兹（1770—1775 年）

图 3-39　罗布·阿·拉·法兰西兹（1720 年）

图 3-40　罗布·阿·拉·法兰西兹（1760 年）

图 3-41　法国式罗布（1760 年）

式罩裙时佩戴一种意大利制的人造花装饰，后来这种装饰也就成了当时女性的必备装饰品。

2. 帕尼埃——优雅身姿的道具

　　为了强调女性臀部曲线，这个时期出现了一种新的裙撑名为"帕尼埃"（Panier）。帕尼埃是用鲸须、金属丝、藤条、亚麻布等材料制作的吊钟形裙撑。随着洛可可风格的风靡，帕尼埃变得越来越大（图3-43、图3-44）。到了路易十五时期，帕尼埃逐渐变为前后扁平、左右横宽的椭圆形裙撑。女性服装中由于使用了帕尼埃裙撑使得服装下半身的造型变得非常庞大，与上半身的造型形成了鲜明的对比。为了配合庞大裙撑的造型，这个时期出现了一种非常特殊的女性发式。这些不同造型的发式是利用假发将女性的头发高高束起，并在发髻上做各种各样的装饰。

图 3-42　法国罗布·阿·拉·法兰西兹（1765 年）

图 3-43　带有帕尼埃裙撑造型的罗布

图 3-44　帕尼埃裙撑塑造与高大的发饰
（1770 年）

图 3-45　讽刺画（1770 年）

随着这种帕尼埃裙撑的流行，发式的样式和造型也越来越夸张。发式的主题也随时根据人们的需求而有所变化。比如，有的发式将帆船装饰在头发上、有的发式上装饰着各式的水果，甚至有时还在发式中营造战争的场面。实际上由于过分地追求帕尼埃夸张的造型和高大繁复的发式，以至于无形中给女性的日常生活带来了很多的不便。因此，这个时期出现了很多反映当时女性夸张造型的讽刺画，如图3-45、图3-46所示，画中是美发师正在为贵妇人做头发，要踩着梯子和拿着尺子才能完成发型的制作，讽刺了当时夸张的发式潮流。如图3-47所示，画中一位很丑的老妇人穿着帕尼埃裙撑在照镜子，讽刺了由于帕尼埃的过度流行，即使很丑的女性都希望因为穿了帕尼埃裙撑而显得年轻、美丽。

图 3-46 讽刺画（1770 年）

图 3-47 讽刺画《化妆的老女人》（1775 年）

3. 斯塔玛卡——精致的胸衣饰片

为了与下身帕尼埃塑造的臀型形成对比，女子依然使用紧身胸衣来塑造上半身的曲线。这个时期的紧身胸衣在材质、制作方式、穿着方式等方面都出现了很多技术性的革新，使得紧身胸衣更易于穿着、更舒适、塑形效果更好（图3-48~图3-51）。由于这个时期胸衣外的罩裙一般为前开式，所以为了避免里面的胸衣露出来，就出现了一种名为"斯塔玛卡"的三角形胸衣饰片（图3-52、图3-53）。当时斯塔玛卡的样式和装饰手段非常丰富，面料和装饰材料都非常奢华。另外，由于洛可可时期特殊的社交方式，当时的贵族女性们几乎每天都穿着内衬紧身胸衣和帕尼埃裙撑的华丽服饰流连于"沙龙"之中。这种特殊的生活方式加之要穿着束得很紧的紧身胸衣，女性经常会感觉胸闷和透不过气，因此她们通过不停地扇扇子来舒缓胸闷的感觉，这也就使从中国传入的扇子成为当时女性必备的服饰配件（图3-54、图3-55）。

图 3-48 紧身胸衣（1760 年）

图 3-49　紧身胸衣

图 3-50　紧身胸衣和帕尼埃的组合（1760 年左右）

图 3-51　18 世纪女子内衣及紧身胸衣

图 3-52　油画《侯爵夫人》

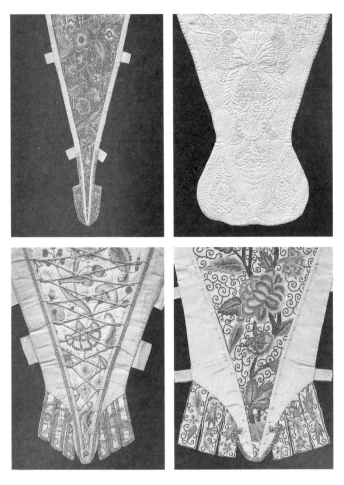

图 3-53　斯塔玛卡胸衣饰片（1730—1740 年）

图 3-54　扇子是当时女性
必不可少的装饰品

图 3-55　洛可可时期的扇子（1760 年）

二、路易十六世时代的服饰（1774—1792）

（一）社会背景

路易十六时代是洛可可风格的没落期，服装风格也逐渐向着新古典主义风格转变。人们的审美意识开始向追求朴素、自然的古典文化理念复归。路易十六时期皇室和贵族阶层过于奢华的生活方式与普通阶层之间的矛盾也越来越激化。随着复古思潮的普及与流行，服装的发展也从洛可可时期强调人工塑造的服装廓型开始向自然廓型的服装回归。同时英国式样服饰的流行与新思潮观念也一起影响着欧洲服饰文明的发展。

（二）男子服饰

1. 夫拉克——来自英国的男装风格

18世纪中叶以后，男子服饰整体的款式上并没有出现非常大的变化，但是受到英国男装风格的影响，男性服饰开始朝着简约化、朴素化的方向发展。由于产业革命的原因，英国男装发生了一些变化，这些男装款式也在路易十六时代后期传入法国。因此，当时除了沿用"阿比"款式的男装之外，从英国传入的"夫拉克"（Frac）男装也非常流行。"阿比"式样的男装一般作为宫廷服被使用。此时的男装开始变得简洁、实用，上衣开始舍弃多余的装饰，紧束的腰身逐渐松弛。这个时期形成的男装三件套组合作为上流社会男子的社交服一直沿用到19世纪。此时流行的"夫拉克"上衣沿前襟搭门自腰围线向下摆方向进行斜向剪裁。这种前襟线形就像现在的燕尾服，这也是燕尾服和晨礼服的始祖。英国的"夫拉克"传入法国后，出现了一些款式上的细微变化。剪裁更趋于简约，袖子也越来越趋于小型化，面料表面的刺绣装饰也越来越少。一般为立领或翻领，后侧开衩，前门襟的纽扣一个也不需要扣。1780年英国出现了毛料夫拉克，这种英国式的夫拉克朴素、实用，也成了男装的定型，英国也因此确立了男装流行的主导权（图3-56~图3-59）。

2. 鲁丹郭特——实用的男子上衣

1780年前后英国流行的一种上衣传入法国，这种上衣名为"鲁丹郭特"（Redingote）。这是一种以毛织物为主要面料的实用型外套。在英国最初是骑马时穿用的一种外套，法国人很喜欢这种款式，传入法国后被称为鲁丹郭特。这种外套后背后开衩是为了方便骑马，有二层或三层领子来抵御寒冷。这种上衣传入法国后多被作为外出或旅行时使用，非常流行。

（三）女子服饰

随着洛可可风格的逐渐衰落，路易十六时期的女装出现了改良款式。1770年以后宫廷服的服装廓型开始向小型化方向发展。在旧体制瓦解前，追求通过人工服饰

图3-56 英国样式的男装（1740年）

图 3-57 法国样式的男装（1765 年）

图 3-58 男装上的刺绣装饰（1780 年）

配件塑造人体美的意识与追求服饰舒适、方便的意识共同存在。受波兰服饰的影响，出现了波兰式的罩裙，即"波兰式罗布"（Robe a la polonaise）。这种罩裙在裙子的后侧分别将裙摆向上提起，结构很像吊起来的窗帘，使裙子在臀部形成两个或三个膨起的团状结构。在罩裙上使用这样的结构即使不使用帕尼埃裙撑也能实现夸张与强调女性臀部曲线的目的。波兰式罗布与之前的女性罩裙相比体积明显变小。同时，与巨大的法国式罗布相比，裙长逐渐变短，穿着起来更加方便也更易于活动（图3-60、图3-61）。同时，这个时期出现的英国式罗布款式也相对简洁且更易于活动（图3-62、图3-63）。

图 3-59 英国式样男装（1790 年）

图 3-60　波兰式罗布（1780 年）

图 3-61　法国的波兰式罗布

图 3-62　英国式样的罗布（1790 年）

图 3-63　英国女子罗布外套（1790 年）

思考题

1. 简述文艺复兴时期服饰的整体变化与特征。

2. 简述巴洛克与洛可可时期服饰风格的相同点与不同点。

基础理论——

近代的服饰

第四章　近代的服饰

　　美国的独立、法国革命、产业革命这些事件都对19世纪的世界造成了深远的影响。以法国为例，不管是政治、经济还是各种文化现象，都发生了剧烈的变化。在政治上法国大革命结束了封建统治体系，建立了新的资本主义社会。在这个世纪里社会结构的巨变也使服饰文化发生了很大的变化，服装在廓型、造型、结构上产生了丰富的变化。由于工业革命的原因，男人们的生活方式发生了变化，男性已没有必要穿着那些装饰烦琐的、夸张性的服装，开始追求服装的活动性、机能性以及实用性。到19世纪中叶，近代男装的形制完全被确立下来，这种男装的基本型至今还被作为男性礼服使用。女装样式在19世纪有非常明显的变化，分别经历了新古典主义时代、浪漫主义时代、新洛可可、巴斯尔时代和S型时代。19世纪这些不同时期的女装风格都带有各自非常明显的特点，其服装造型、装饰手段、着装理念都有着很大的差异。

第一节　新古典主义时期的服饰（第一帝政时代的服饰）

一、社会背景

　　第一帝政时期是新古典主义的时代，而服饰文化也受到新古典主义的影响，与之前的巴洛克、洛可可的服饰风格形成了非常显著的区别。新古典主义是一种新的复古运动，兴起于18世纪的罗马，也是迅速在欧美地区扩展的艺术运动。这种艺术理念影响了装饰艺术、建筑、绘画、文学、戏剧和音乐、服饰等众多领域。新古典主义，一方面基于对巴洛克和洛可可风格的颠覆；另一方面则是希望以重振古希腊、古罗马的艺术为信念，提倡反对华丽的装饰，尽量以俭朴的风格为主。

　　这一时期的服装受到新古典主义的影响，男女装都向着简朴、古典的风格发展。这个时期提倡去掉繁复的人工装饰，恢复人体自然的曲线。女性们追求健康、舒适的服装风格，在服饰中融入了古希腊服饰中的一些元素。对于女性而言，在20世纪前，只有这个时期女性才暂时脱掉了长久束缚身体的紧身胸衣和裙撑。

二、男子服饰
（一）男装实用性的凸显
　　这一时期的男装去掉了装饰过剩、刺绣繁复的形式，转向了田园式的凸显使用功能的装束风格。由于法国大革命的社会背景，此时激进的革命党人的装束成为男装流行的典范。最具代表性的是雅各宾派革命者的服装。其上衣名为"卡尔玛尼奥尔"（Carmagnole），这是一种带有宽驳头的夹克式上衣。卡尔玛尼奥尔本来是一种底层阶级的穿着，最初在意大利是工人阶级的服装，后来由于法国大革命，革命党将这种款式的服装带到巴黎，这种卡尔玛尼奥尔上衣后来在法国非常流行。下身穿着长裤"庞塔龙"（Pantalon），这是一种不带袜登的细筒裤，后被革命者穿着（图4-1）。由于这种裤子的款式区别于以前贵族男子穿着的克尤罗特半截裤的样式，因此将其更名为"桑·克尤罗特"（即不穿克尤罗特之意）。

（二）昂克罗瓦依亚布尔造型

为了与革命党人相对抗，保皇党中的时髦男子则刻意穿着与革命党人相反的服饰，就出现了一种名为"昂克罗瓦依亚布尔"（Incroyables）的装束。这种装束的特点是上身穿一种双排扣大衣，大衣翻驳领非常大，腰部非常合体，下身则穿着一种紧身的半截裤"克尤罗特"。脚上穿着翻口高帮皮靴，手里拿着帽子、文明杖，头发乱蓬蓬地散落在耳下的位置（图4-2）。

（三）夫拉克和庞塔龙的组合

虽然保皇党和革命党在着装风格上相互对抗，但男装总的变化趋势还是减少了繁复的装饰，逐渐向近代男装演化，服装面料也从过去的豪华面料变成了朴素的毛织物。之前受英国男装影响出现的类似燕尾服的夫拉克于这个时期在男人们中普及。此时的夫拉克分为两种，一种下摆呈燕尾式，是现代燕尾服的前身；一种是前襟至下摆处呈圆顺曲线款式的大衣，这就是现在晨礼服的前身。一般配合夫拉克，下身则搭配庞塔龙（图4-3、图4-4）。

三、女子服饰

（一）古代风格的回归

新古典主义时期的女装提倡复归古希腊、古罗马的服装样式，造型上极为简洁、朴素。这与之前时代流行的装饰繁复的洛可可女装风格形成极鲜明的对比。这一时期的女装，不仅

图 4-1　卡尔玛尼奥尔和庞塔龙
（《扮演革命群众的演员》1792 年）

图 4-2　昂克罗瓦依亚布尔

图 4-3　1800 年革命党人画像

图 4-4　拿破仑画像

款式上力求简练，服装色彩及面料也非常单纯、质朴。当时最为常见的女装款式就是一种用白色棉布制作的高腰衬裙式连衣裙，名为"修米兹·多莱斯"（Chemise dress）。这种服装最早出现在英国，在法国大革命背景的影响下，这种用薄棉布制成的连衣裙很快就在巴黎女性中间流行开来。高腰身是这种裙子款式上的最大特点，腰际线被提高到了乳房以下，袖子一般较短，刻意模仿爱奥尼亚式希顿的样式，裙长很长，一般长度及地（图4-5、图4-6）。

（二）修米兹的流行和"薄棉布病"

服装史学家有时将新古典主义初期称为"薄衣时代"。这是由于受到复古思潮的影响，女性们为了追求自然、古典的古希腊风貌服装，去掉了紧身胸衣和裙撑的束缚。当时最受女性青睐的修米兹·多莱斯基本上选用一种印度进口的薄棉布来制作，这种棉布一般为白色质地，且非常轻薄。虽然这种产自热带地区的面料极不适合在巴黎相对寒冷的气候条件下穿着，但是女性为了追求时髦，还是乐此不疲地竞相穿用。因此，当时的女性们经常因为这个原因患上呼吸道疾病、肺结核，流行性感冒成为当时的流行病，也被称为"薄棉布病"。也正是因为这个原因，女性们为了增加服装的美感更为了避寒，会在修米兹·多莱斯外面搭配一种名为"肖尔"（Shawl）的披肩或者搭配"斯潘塞"（Spencer）短外套（图4-7、图4-8）。

（三）皇妃约瑟芬的礼服

拿破仑执政时期，他本人和皇妃约瑟芬的服饰对服装的发展趋势意义重大。拿破仑当政以后，追求以往皇室贵族的生活方式，恢复了以往的宫廷服装，颠覆了大革命期间体现平等自由的着装意识。因此在某种程度上，他们的"帝政样式"宫廷服饰也可以作为新古典主义后期的典型款式（图4-9、图4-10）。拿破仑时期的帝政样式服装基本上是新古典主

图 4-5　古典主义风格的女裙
修米兹·多莱斯（1802 年）

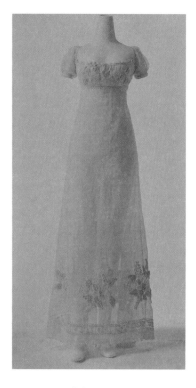

图 4-6　薄棉布修米兹·多莱斯（1800 年）

图 4-7　肖尔（1800—1805 年）

图 4-8　斯潘塞短外套（1815 年）

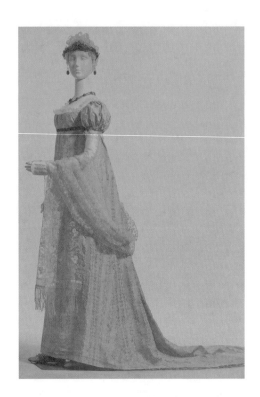

图 4-9　约瑟芬的礼服

图 4-10　约瑟芬的礼服

图 4-11　修米兹·多莱斯（1815 年）

图 4-12　古典主义后期的修米兹·多莱斯（1820 年）

图 4-13　不同面料的修米兹·多莱斯

义服饰的发展与延续。帝政样式的女装款式基本与新古典主义早期的款式大体相同，重点是在面料、细节上出现了一些变化。这个时期的裙子依然强调高腰线，裙型窄长，方领口，袖型上出现了区别于前期的白兰瓜型的短帕夫袖（图4-11、图4-12）。"帝政样式"的服装虽然基本款式沿袭了新古典主义的风格，但总体上还是向着装饰性造型发展。服饰面料也开始由之前的印度产薄棉布向相对华丽的面料转变，同时服装上也出现了华丽的装饰（图4-13）。这时约瑟芬皇后常披用的一种"曼特"斗篷也非常流行。这个时期，还出现了很多结合不同场合穿着的修米兹·多莱斯，如图4-14、图4-15所示，分别为外出时的外套修米兹·多莱斯和冬季的修米兹·多莱斯外套。

图4-14　外出时配合修米兹·多莱斯的外套（1810年）

图4-15　冬季外套（1810年）

第二节　浪漫主义时期的服饰（路易·菲利浦时代的服饰）

一、社会背景

路易·菲利浦时代在服装发展史上也被称为"浪漫主义时代"。对于服饰风格而言，浪漫主义时代服饰是受到了18世纪晚期至19世纪初期欧洲出现的启蒙运动的影响。这场运动的主导者是艺术家、诗人、作家、音乐家以及政治家、哲学家等。启蒙运动在政治上为法国革命做了思想准备，在文艺上也为欧洲各国浪漫主义运动做了思想准备。启蒙运动是法国大革命催生的社会思潮的产物。大革命所倡导的"自由、平等、博爱"的思想，推动了个性解放和人们情感的自由抒发。强调独立和自由的思想意识，成为浪漫主义时代的核心思想。

二、男子服饰

（一）19世纪的英国趣味

19世纪的男子服装除了法国大革命时期以外，几乎都被所谓"英国趣味"的着装风格所引导。19世纪中期以后新兴的资产阶级取代了原来的贵族，成为主导流行的群体，而这些资本家们穿着的服装基本上都是英国风格的。这些典型的英国式装束在造型上与之前时代的男

图4-16 19世纪英国趣味的男装

装相比出现了一些变化，但男装的基本构成依然是夫拉克、庞塔龙的组合。此时的夫拉克在服装廓型上强调极细的腰身，并通过在肩部加入挺括的垫肩使肩部显得很宽阔，袖子也在袖山处加入了带有膨胀感的结构来完善整个上半身的廓型。领子逐渐加长，长至腰部。下身的庞塔龙长裤廓型呈锥形，裤子合体且笔直，与上半身的夫拉克相搭配呈现出了男装的倒三角形造型。为了追求上半身挺拔利落的造型，浪漫主义时代的男人甚至也开始穿着紧身胸衣。当时有很多讽刺画，通过描绘男人们与女人们一起穿着紧身胸衣的画面来讽刺那些追求英国趣味的男人们。同时，为了强调裤子的笔直感，在裤脚加入了袜登的设计（图4-16、图4-17）。

图4-17 浪漫主义风格的男装与女装（《冬天的伦敦》）

（二）布鲁梅尔风尚

乔治·布莱恩·布鲁梅尔（Beau Brummel）是19世纪著名的"花花公子"。这个人因为极其讲究打扮在当时非常出名，而他的穿着甚至在当时引领了男装的流行。布鲁梅尔非常注重着装上的讲究与奢侈，他对自己衣着的讲究几乎到了夸张的程度。他每天要花掉将近5小时的时间穿衣打扮才能出门。他为了衣着的完美，甚至用香槟酒擦自己的皮靴。据说，如果领结不能一次系好，他就会随手将其扔掉。他变成当时所有时尚男士的楷模，并一度成了与摄政王威尔士王子关系最密切的朋友（他甚至陪王子一起出外度蜜月）。他的穿着理念与当时贵族男性服饰的主流穿着理念截然不同。比如，他反对当时贵族穿着中的扑粉的假发、香水、绶带以及颜色、做工精致的外国织物等服饰元素。有的服装史学家甚至把布鲁梅尔形容成现代男性服装之父。从这个意义上讲，他的着装观念直接导致了19世纪商业服装的出现，造成同文艺复兴以来开始流行的种种时尚观念的决定性分裂。布鲁梅尔主张的服饰风格特点是简洁，款式特点是一件腰间紧扣纽扣的夫拉克，其后摆正好齐膝，翻折领并露出背心和带有皱褶的克拉巴特领巾。腰以下是贴身（不是紧身）的庞塔龙，裤脚塞进长筒靴，靴子几乎齐膝高。他倡导的服装搭配是平纹蓝色上衣（夏奈尔起家时做衣服就是从一堆滞销的平纹布开始的）、浅黄色的裤子和黑色靴子，加上洁白的衬衣、领饰。

三、女子服饰

（一）细腰膨裙的复古浪漫

浪漫主义时代的女装从廓型上讲，也可以被称为"X"型时代。这个时期女装的腰线开始回归到正常腰位，紧身胸衣再度回归以便塑造细腰膨裙的"X"造型，袖子也开始出现膨大的造型。工业革命导致了服装制作技术得到了提高，因此到了浪漫主义时代紧身胸衣的制作技术也得到了很大的发展，从功能性、合体性、舒适性、使用便捷性上都做了很多技术上的新突破。强调腰身与夸张裙摆是女装造型上的显著特征。浪漫主义时期女装的裙摆逐渐发展为吊钟状（图4-18～图4-21）。

（二）浪漫的领型、袖型

X型款式的女装，不但在廓型上强调人工塑造的女性美，也通过对领口和袖型的处理形成新的视觉中心。因此，这个时期的女装领口的形和袖子的造型都极具特征。这一时期的领型非常有特点，最典型的领型有两种。一种是高领口，一种则是低领口。高领口的女装一般在领口处会装饰大量的褶皱，有时也会使用传统的"拉夫领"或披领作为装饰。低领口的女装，领口开得非常低，甚至低至大臂上方，这种低领口在女性胸前形成一条优美的"V"字形线条，突出了女性肩部完整的线条，以此来强调女性肩部的柔美曲线。这个时代的女装为了与

图4-18 浪漫主义风格
的"X"型女装（1835年）

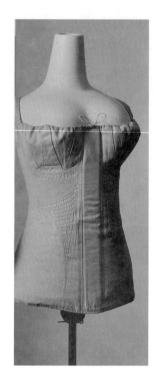

图 4-19　1820 年前后的女子内衣　　　图 4-20　女子内衣（1830 年）　　　图 4-21　19 世纪初的胸衣

"X"型的整体廓型呼应，袖型也出现很多变化。通过使用羊腿袖或者帕夫袖等膨胀型的袖子，来实现突出细腰的目的。

第三节　新洛可可时期的服饰（第二帝政时代的服饰）

一、社会背景

第二帝政时代是指自1852年路易·波拿巴称帝后的时代。在服装发展史上这个时期出现了古典裙撑样式的复古服装，因此也被称为新洛可可时代。拿破仑三世的皇后欧仁妮的服饰也对这个时期女装款式的流行和发展起到了一定的推动作用。这一时期的女装延续了路易十六时期的奢华样式，不注重服装的功能性，裙子的造型越来越趋于膨大化。这个时期出现了一种新的非常庞大的裙撑，名为"克里诺林"，因此也有人称这个时代是"克里诺林时代"。

同时，服装工业的技术进步也促进了服装业的发展。其中最重要的就是1846年艾萨克·辛格发明的缝纫机。缝纫机与其他纺织机器的开发与使用，完全改变了服装业传统的手工加工形式，是实现现代化成衣生产的基础。

查尔斯·沃斯（Charles Frederick Worth）是对服装发展有着巨大贡献的人。他是"高级服装"业的奠基人。他创立了"设计室沙龙"，也就是现在高级时装店的雏形，他是第一个使用真人模特来展示服装的人，这也是现代服装秀的雏形，他甚至确立了19世纪后期到20世纪初的服装模式。

二、男子服饰

（一）男子三部式服装的确立

19世纪后半叶的第二帝政时期，男装上衣、基莱、长裤（庞塔龙）的三件套式的基本组合形式已经趋于确立。男子服饰便朝着简朴化、定型化、场合化的方向发展。从这个时期开始，男子的服饰基本以黑色为主，这也成为当代男式正装的标志色彩。同时这个时期是用同样质地同样颜色的面料来制作这三件套服装，这也是现代男装的基本型。日间礼服则从原来的"阿比"款式改为夫罗克·科特（Frock coat）款式。泰尔·科特是夜间礼服，也就是现在说的燕尾服。戗驳头，前襟衣长及腰线，后面呈燕尾状，衣长及膝。毛宁·科特则是晨礼服，前襟向后斜裁下去，衣长及膝。

（二）夹克的出现

这个时代，不同用途的男装逐渐开始了非公式化的划分。比如，室内用服饰、旅行用服饰、运动用服饰等。非常实用的"夹克"（Jacket）和"背心"式的上衣则更多地被普通阶层的人们所穿着。当时流行的这种名为"夹克"的便服，就是现在我们所说的"西服"。这种服装过去曾是低收入劳动者的常服，这个时期则被普及于一般阶层，成为男子的外出便服。这种服装腰部没有接缝，稍有收腰，衣长及臀，一般为平驳头，单排2~3粒扣。

三、女子服饰

（一）克里诺林的出现

1830年以后，女装的重心转变到了下半身，裙子的体积逐年增加。由于廓型的需要，要使用多层的薄棉布裙撑才可以塑造庞大的裙型，有时候裙撑可以达到5~6层。这样就增加了女装下半身的重量，因此就出现了一种新型的骨架式裙撑，这种裙撑既能实现塑造裙型的需要，又相对轻便，这就是"克里诺林"（Crinoline）裙撑。克里诺林裙撑可以说是服装史上最大的裙撑。这种克里诺林裙撑与之前的裙撑结构相比出现了明显的变化，它就像一个衬架。拿破仑三世时期时装的标志甚至就是衬架（克里诺林裙撑）。这种裙撑原来是马鬃质的，后来发展成为24个钢箍。拿破仑三世的妻子欧仁妮非常喜欢穿衬架，引来了欧洲无数女性的效仿，随后这种庞大的克里诺林裙撑开始流行（图4-22~图4-24）。1850年年底，英国人发明了不用马尾衬的裙撑，即用鲸须、鸟羽的茎骨、细铁丝或藤条做轮骨，用带子连接成的鸟笼子状的新型克里诺林。裙撑造型由过去的圆屋顶形变成金字塔形，前面局部没有轮骨较平坦，后面向外扩张较大。这种克里诺林质轻、有弹性且穿着更加方便（图4-25）。

（二）早期的T、O、P观念的形成

从这个时代开始女子的着装理念出现了变化，开始根据时间（Time）、场合（Occasion）、地点（Place）的不同而选择不同用途的服装，这也是现代意义着装理念的开始。在当时根据不同的使用需求出现了不同的服类，比如上午的室内服、午宴用服、日间服、外出用服、夜会服（家庭用、小型晚餐会用、大型晚餐会用）乘马服、狩猎服、丧服等。

图 4-22　克里诺林造型的外出服（1850 年）

图 4-23　女子服饰（1865 年）

图 4-24　1860 年女子的服饰

图 4-25　克里诺林裙撑骨架

第四节　巴斯尔及 S 型时期的服饰
（19 世纪末到 20 世纪初的服饰）

一、社会背景

19世纪末到20世纪初，英、法、德、美等国家进入了帝国主义阶段。帝国主义之间相互争夺市场和殖民地，最终引发了第一次世界大战。但在大战前的这段时间里，人们还是陶醉在短暂的和平世界里。在19世纪末的转换期里，服装风格的流行经历了"巴斯尔时代"和"S型时代"。随着拿破仑三世被俘，欧仁妮皇后逃亡英国，克里诺林时代便宣告结束。在1870年左右臀撑开始复活，女性服装廓型的重点转移到了身后，利用臀撑塑造女性侧面夸张的曲线，这就是巴斯尔时代或臀撑时代。接近20世纪初的时候，由于受到"新艺术运动"的带有明显流动曲线造型特点的影响，女装造型也从侧面的巴斯尔臀撑形向优美的S型转变，这个时期就被称为"S型时代"。

二、女子服饰

（一）巴斯尔风格的流行（1870—1880 年）

1860年以后，裙撑的廓型逐渐由庞大的克里诺林廓型向腹部平直、臀部挺起的廓型转变。因此就出现了巴斯尔裙撑以替代克里诺林裙撑。巴斯尔造型自1870年左右登场，1890年左右消失。巴斯尔造型实际上是源自于波兰风罗布的造型，随着流行的变化，巴斯尔造型也千变万化（图4-26～图4-29）。巴斯尔时代女装造型的最大特点就是凸臀，除此之外拖裾

图 4-26　雅姆·蒂索的油画作品

图 4-27　雅姆·蒂索的油画作品

图 4-28　雅姆·蒂索的油画作品

也是其特点之一。巴斯尔时期出现过带有1～2米拖裾裙摆样式的裙型（图4-30、图4-31）。另外，巴斯尔时代除了注重女装造型以外，强调服装表面的装饰效果，也是这个时代女装美的另一种诠释。为了丰富装饰效果，女装上甚至使用了很多室内装饰的手段。比如，将窗帘上的一些悬垂装饰、床罩或沙发边缘的一些褶皱装饰、流苏装饰等运用到女装上（图4-32、图4-33）。巴斯尔样式的裙子裙型非常合体紧身，下摆处一般会变窄，因此巴斯尔时代出现了一种特殊的裙撑，被称之为"臀撑"。为了塑造臀部凸起的造型，臀撑一般用铁丝或鲸须

图 4-29　雅姆·蒂索的油画作品

图 4-30　巴斯尔造型女裙（1880 年）

图 4-31　巴斯尔臀撑女裙（1883 年）

图 4-32　带有装饰的巴斯尔造型女裙（1883 年）

图 4-33　巴斯尔风格女裙（1870 年）

制成后凸式臀撑架，同时不但利用臀撑增加臀部的膨胀感，还通过罩裙的层叠、叠加、翻折等结构来增加臀部的膨胀感。比如，将外面的罩裙从两侧向后臀部抽起，下摆加长、加大，以此呈现人鱼式的拖裾下摆（图4-34 ~ 图4-36）。

这个时代服装发展的另一个特征就是运动服的诞生。1880年代，上流社会开始流行各种运动，比如高尔夫球、溜冰、网球、骑马、骑自行车、游泳等。由于巴斯尔样式无法适应各项新兴的运动，所以上流社会的女性从事这些运动时就要穿着各种不同用途的运动服，这无形中就促进了女装的现代化进程（图4-37、图4-38）。

（二）西装和S型裙装的流行（1890—1910 年）

在经历了巴斯尔时代，女装则进入了一个从古典样式向现代样式过渡的重要转换期。受到新艺术运动的影响，巴斯尔样式不再流行，女装外

图 4-34　巴斯尔裙撑架
（1880 年）

图 4-35　巴斯尔臀撑
（1870—1880 年）

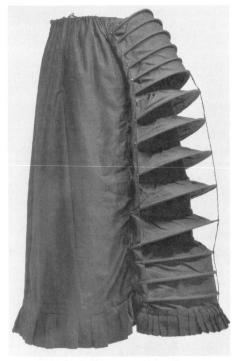

图 4-36　巴斯尔臀撑
（1870 年）

图 4-37　女子网球服（1890 年）

图 4-38　女子骑车服（1892 年）

形变成了流畅的S型。法国的传统女装理念中被注入了英国女装的所谓"运动感"意识，女装中更多出现了夹克式外套上衣与裙子的搭配等具有实用功能的特征。S造型女装的特点是用紧身胸衣将女性胸部向上方托起，腰部同样被束紧，腹部被束成平缓的廓型，同时通过裙撑塑造丰满的臀部造型，裙摆则呈小喇叭状展开。在S型样式女装的袖型中，出现了文艺复兴时期羊腿袖的复归，袖子上半部分的造型是膨起的泡泡袖或灯笼袖，肘部以下的袖型则变得非常贴合小臂。（图4-39～图4-42）由于需要塑造非常特殊的S型造型，所以紧身胸衣的塑身作用也与其他时代的紧身胸衣的造型有所不同。以前的紧身胸衣只偏重塑造腰身以上的造型，而S型造型的特殊需要使紧身胸衣在结构上出现了一些变化。除了在上身要将胸部高高托起，同时紧身胸衣还要起到压平腹部的作用，因此，S型时代就出现了这个时期很流行的一种紧身胸衣。为了使腹部呈现平直的廓型，这种紧身胸衣的前面

图 4-39　S 型时代的女裙（1903 年）

图 4-40　S 型时代沃斯设计的女裙（1892 年）

要嵌入金属条或鲸须。同时，吊袜带也是这个时期紧身胸衣的一部分。这时的胸衣下方都有吊袜带，这也是现代紧身内衣的雏形（图4-43）。

三、男子服饰

这个时期的男装已经从只追求服装外观上的装饰美转变为注重服装穿用的场合、时间的着装理念。对于上装、背心、裤装（庞塔龙）、衬衫、领带等不同服类、服饰品的选择与搭配都要考虑到穿着服装的场合。同时，随着近代社会体制的发展，通过服装来显示社会阶层和地位的意识越来越被新的非阶级化的着装意识所取代。在这样的趋势下，现代意义的男装概念也基本形成。

自18世纪开始，男装潮流的变化一直是以英国为样板，而现代意义的男装也是基于英国样式形成的。古典男装到了20世纪初逐渐被现代男装

图 4-41　沃斯设计的女裙（1895 年）

图 4-42　S 型时代的女裙（1894 年）

图 4-43 S 型时代女子的内衣和胸衣

所取代，而古典男装则逐步演化为现代意义的男式礼服。男装根据使用场合的不同，确立了不同礼仪等级的男装着装样式，这些样式就是古典男装的缩影。

这个时期的男子服饰，帽子成为男人最重要的服饰配件。男人们平时都要戴帽子，在不同场合要戴不同形状或类型的帽子。

思考题

1. 列举近代服饰中几个服装廓型发生变化的时期。

2. 简述新古典主义服饰的特征与意义。

3. 简述新洛可可时期与洛可可时期服饰风格的不同。

基础理论——

现代的服饰

课题名称： 现代的服饰

课题内容： 1. 多元化的开端

2. 主流与非主流交织的20世纪

课题时间： 8课时

教学目的： 使学生了解现代服饰的发展与变化，并掌握20世纪以后服饰多元化风格的形成与时尚流行的特征。

教学方式： 理论讲授、多媒体课件播放

教学要求： 1. 了解现代服饰文化呈现的特征

2. 分析未来服饰发展的趋势

3. 了解现代服饰中主流与非主流服饰风格的特点

第五章　现代的服饰

第一节　多元化的开端

从19世纪末期开始，资本主义社会经济体系逐渐趋于成熟，随着资本主义的发展，形成了新的工业资产阶级。同时，这个新阶层有别于旧贵族阶级，一方面，他们有越来越多的收入，另一方面，他们在生活方式上与旧贵族慢节奏的生活完全不同。新兴资产阶级的出现，促使拥有消费能力的新消费群体开始出现。基于这样的社会背景，女性希望更多地参与社会生活，更多地参与男性主权社会的社会圈，因此对于服装的需求就更趋向于多样化与个性化。由于生活方式的改变，女性对紧身胸衣的不满越来越严重，希望能够从束缚中解脱出来，让人体回归自由的状态，让服装为身体服务。在这种背景下，现代意义的时装逐渐趋于形成。

性别平等是20世纪现代时装业形成的重要背景之一。男女平等观念在20世纪逐渐形成，成为现代时装业的发展基奠。随着现代时装业的形成与发展，服装设计师不再是像19世纪末沃斯（查尔斯·沃斯是最早期的服装设计师）一样的艺术家。20世纪涌现出的一些国际知名设计师往往具有多重身份，他们既是职业设计师又是引领时尚的名流，如夏奈尔、迪奥、伊夫·圣·洛朗、拉尔夫·劳伦、范思哲、穆西亚·普拉达等。20世纪的服装产业已成为全球性成交额过亿的产业。现代服装行业中影响时尚潮流的并非只是时装设计师，其他各类专业人士也影响着当代时尚趋势的发展，比如时尚策划人、广告策划人、造型设计师、摄影师、发型设计师、化妆师等。

一、时代背景

20世纪是多元化、信息化的世纪。在整个20世纪中发生了两次世界大战、经济危机，这些都影响了整个世界政治、经济的格局，社会在以史无前例的速度向前发展。科技和创新成了20世纪的关键词，高科技也引发了全球化意识。这种意识也同样影响了服装业的发展。

19世纪末女性解放运动的兴起颠覆了以往的穿着观念，到了20世纪性别已经近乎平等，这也成为现代服装业发展的重要背景。20世纪20~30年代，时装文化的发展达到了第一个高潮，服装的款式、造型、着装理念都有了很大的变化。这个时期的代表就是服装设计师夏奈尔（Coco Chanel）。在男女平等观念的背景下，夏奈尔将男性元素融入女装设计中，形成了新的女装风格，在一定程度上推动了20世纪女装的发展。20世纪40年代经历了残酷的第二次世界大战和战后的恢复阶段，时装业虽然受到很大影响，但依然在发展。战后引领时装业的设计师迪奥（Dior）推出了名为"新面貌"（New look）的系列女装设计，将战后低迷的时装业推向了一个新的高潮。迪奥在女装设计中再次强调了女性美，通过服装廓型来凸显完美的女性曲线，"新面貌"女装系列也成为战后时装业复苏的起点。在整个20世纪里出现了很多与迪奥、夏奈尔一样杰出的服装设计师，这些设计师的设计风格各具特色，形成了20世纪丰富多彩的多元化服饰文化现象和流行趋势（图5-1、图5-2）。

二、夏奈尔的套装

可可·夏奈尔（Coco Chanel）在时尚设计领域有着极为重要的地位，被公认为现代时装业的最重要的奠基人之一。可可·夏奈尔原名加布利尔·夏奈尔（Gabrielle Chanel）。夏奈尔对于20世纪服装业发展的重大贡献在于，她不仅设计了具有国际影响力的时装作品，还改变了时装设计界的规则。把以男性视角为中心的设计角度转变为以女性自己的舒适与美观为中心的设计角度。这个观点对于时装发展史来讲是革命性的变革。夏奈尔的设计宗旨是时装设计要更好地为穿着者服务，女性要通过服装表现自信和自强，不再成为男性的附庸。这样的设计观念打破了原有的设计观念，同时迎合了20世纪初的女性解放主义的观念，这就使带有男性元素的女装颠覆性地成为当时的流行。夏奈尔受到男性制服样式以及男性服装常用的斜纹软呢面料的启发，设计出带有浓厚男装特征的女士套装。直到今天，"夏奈尔式套装"依然是时装界中经久不衰的经典款式（图5-3、图5-4）。

图 5-1　1910 年波列（Paul　　　　图 5-2　1920 年波列（Paul　　　　图 5-3　1920 年夏奈尔（Gabrielle
　　　　Poiret）设计的女装　　　　　　　　Poiret）设计的女装　　　　　　　　Chanel）设计的女装

图5-4　1927年典型的夏奈尔套装造型

三、迪奥的"新面貌"

迪奥（Dior）是另一位在20世纪时装发展史上举足轻重的设计师。由于20世纪初历史背景的影响，时装设计的发展出现了极端化的现象。女性追求男子样式，女装设计不强调女性特征，直到第二次世界大战结束才出现了恢复女性意识的设计，使时装设计又出现了一次划时代的变革。迪奥就是这场时装革命的领袖人物。他在1947年推出了名为"新面貌"（New Look）的女装系列作品，让女性感再次复归。这种风格的设计影响了时装业十年之久，使整个时装设计界都步入完全不同的发展方向。除此之外，迪奥还陆续推出以极富女性美的廓型为主的设计，比如花苞廓型女装。用英文字母来概括女装的廓型也是由迪奥第一个提出的，这种女装廓型概念一直被沿用至今（图5-5、图5-6）。

图5-5　1947年迪奥（Dior）的"New Look"女装造型

图5-6　1952年迪奥设计的女裙

第二节　主流与非主流交织的 20 世纪

从20世纪五六十年代开始，时尚和服饰文化的发展越来越趋向于多元化，这个时期也是现代意义的时装真正形成的年代。无论从产业成熟度、时装业运作营销的结果、媒体炒作方式，还是从不同领域文化对服饰的影响各方面来看，现代意义的时尚业都是从这个时期开始的。各种不同风格的服装和各具特点的设计师及服装品牌不断引领着时尚的流行，同时各种不同的文化也越来越多地影响着时尚潮流。随着服饰文化的发展，主流文化和非主流文化相互影响，为时尚领域注入了新的元素和活力。尤其在20世纪中期以后，非主流文化在很大程度上影响了现代时尚业的流行趋势。因此，带有鲜明特征的亚文化现象是20世纪服装发展史的重要内容和构成元素。本节主要介绍了20世纪最具代表性的亚文化现象，这些都影响了20世纪服饰潮流趋势的发展，这种影响甚至一直延伸到当代的流行趋势。

一、洛克帮时尚（Rockers）

这种风格实际上起源于20世纪50年代的英国，是以机车文化为主的亚文化流派。主要元素是英国的摩托车文化和摇滚乐（这里要和美国的哈雷摩托文化区分开）。因此，这种文化和摩托车的普及有很大关系。第二次世界大战后期，摩托车还在英国社会享有很荣耀的地位，人们把摩托车与很积极的形象、财富、光辉联系在一起。但从20世纪50年代开始，中产阶级有能力购买汽车了，摩托车从此成了廉价的交通工具。另外，洛克帮亚文化（Rockers）出现的因素还有以下几种：英国战后物资定额配给的终止；年轻工人阶级数量的增长；贷款对年轻人的开放；美国流行音乐和电影的影响；路边小咖啡店的兴起，以及英国城市建造的环行路增多，意味着飙车的赛道增多。这些因素都促进英国成为机车文化的重镇。

洛克帮时尚更倾向于实用性，如铆钉装饰的机车皮夹克、骑车时不戴头盔或将头盔盖打开、保护眼睛的护目镜、保护颈部的白丝巾、舒服的T恤、皮质的帽子、Levi's或Wrangler的牛仔裤、皮裤和鞋多选择高帮Lewis Leathers机车靴或泰迪男孩（Teddy boys）喜欢穿的Brothel Creepers。发型则模仿他们喜欢的摇滚明星，流行夸张的背头式发型（图5-7、图5-8）。

在洛克帮文化的发展中，两部影片起到了推波助澜的作用，一部是*The Wild One*，一部是*The Hells Angels*。这也导致洛克帮分成两派，一派如前一部电影，经常在咖啡店外闲逛，打些无意义的架，反对集权主义和家庭生活。另一派如后一部电影，形象和前一派相似，但是不太卷入打架、暴力活动。洛克帮夸张的造型并不被酒吧和舞厅所欢迎，他们也将舞蹈转变成一种更暴力更个人的形式，让社会产生了恐慌。在这个时期，大众媒体开始把洛克帮定义为一群想入非非的社会弱势群体，并称他们是"民间恶魔"。这样夸张的误导也在民众间引起了恐慌。洛克帮被认为是没希望的、天真的、粗俗的、肮脏的社会边缘人。逐渐他们把自己沉浸在摇滚乐和时尚中。他们喜欢20世纪五六十年代的摇滚明星，这些歌手包括吉恩·文森特（Gene Vincent）、埃迪·科克伦（Eddie Cochran）、查克·贝里（Chuck Berry）、埃尔

图 5-7　20 世纪 60 年代初英国的 Rockers

图 5-8　1993 年伦敦的 Rockers 女孩

维斯·普莱斯利（Elvis Presley）等，他们的歌在当时都被认为是很颠覆性的音乐。

从1960年代初开始，各种不同种类的青年文化越来越快地发展。然而，洛克帮开始被认同则要更晚一些。1962年左右，在伦敦的一些类似咖啡馆、酒吧的场所，经常聚集着一些咖啡吧牛仔及暴走少年（Coffee-bar cowboys ＆Ton-up boys）和一些被称为皮衣少年（Leather boys）的年轻人。"洛克帮"一词，本来是摩兹族用来讽刺这些喜好摇摆舞的年轻人的，但是这些咖啡吧牛仔及暴走少年却接受并把这个词作为一种风格的代名词来使用。1963年至1964年间摩兹族的人数激增，使得这种亚文化圈的地位越来越明显，而洛克帮则参照这种做法逐渐扩大自己的队伍。

标准的暴走少年风格装扮强调服饰的朴素、俭朴，注重服装的功能性，而洛克帮的装束则更看重装饰。他们的皮夹克上要有很多斑驳的油漆渍、涂料渍，排列着铅质的铆钉，同时还要有代表"洛克帮"花纹的徽章（图5-9）。暴走少年狂热地迷恋着骑摩托车飙车，这种飙车的生活满足不了洛克帮年轻人，他们更热衷于将各种摇摆音乐人的造型融入自己的装束中。新的洛克帮认为自己背负着推广摇摆乐并让更多人接受摇摆乐的使命，他们带着这种使命骑着摩托车飞奔。1960年，著名摇摆乐歌手"猫王"（埃尔维斯·普莱斯利）开创了所谓"硬摇滚"的先河，这种新意上的摇滚乐连续不断地冲击着流行乐坛，它更容易被一般人所理解和接受，因此逐渐使得摇滚乐被社会所接受。洛克帮更将新的"硬摇滚"式的音乐风格与摩托车文化相结合，形成了一派新的年轻人亚文化现象。从此，铆钉、斑驳的油漆渍、铁链锁、带有剃刀般锋利的尖头靴子以及"硬摇滚"得到了世界各国年轻人的追捧。同时很多时装设计师的设计中也带有非常鲜明的洛克帮元素（图5-10）。

图 5-9　Rockers 皮衣上装饰着很多商标或各种别针

图 5-10　1988 年 John Richmond 设计的春夏风系列中 Rockers 风格皮衣

二、摩兹时尚（Mods）

"摩兹"（Mods）一词可以解读为"Modern"，这是属于20世纪60年代的另类流行文化，起源于英国。在20世纪60年代初期，英国年轻人的流行文化受到多重文化的影响，而最大的影响则来自美国。比如，20世纪50年代美国摇滚乐的盛行以及"泰迪男孩"（Teddy boys）文化的影响。自主性极高的英国年轻人逐渐将它发展成本土流行文化。由于处于战后年代，因此生活在伦敦中心地区和北部新城镇的年轻人不需要像以往一样在放学后打工补贴家庭，他们自己有了更多的闲钱去买衣服。这直接导致了伦敦服装店的盛行，一些设计师也因此名声大噪，比如玛丽·奎恩特（Mary Quant迷你裙的设计师）。当时的摩兹文化的名言是"宁肯不吃饭，也要买衣服"。对时尚的热爱也表达了"摩兹族"们要从无聊乏味的日常生活中解脱出来的愿望。但他们的消费观念又是理性的，多选择意大利式或法国式剪裁的服饰。例如，定制的套装、马海毛服饰、窄领带，系到最上一颗扣的衬衫、"V"字领毛衣和皮鞋。这和郊区的洛克帮喜欢穿机车皮衣的粘腻造型形成了鲜明对比。发型上则模仿当时法国电影的影星让·保罗·贝尔蒙多（Jean-Paul Belmond）的经典发型（图5-11）。

图 5-11　20 世纪 60 年代在英国非常走红的 The Zombies 组合

　　摩兹的平均年龄在20岁左右，他们有自己的发型、服装、配件还有极具代表性的摩兹标靶圆心符号（图5-14）。可以说当时的摩兹是走在时尚潮流尖端的一群人。20世纪60年代的英国年轻人也有着崇尚国外货的情结。他们模仿法国明星的覆耳发型，穿着意大利进口的西装皮鞋、靴子，外面再套上美国的军用大衣，以当时最流行的进口意大利威士牌（Vespa）小型摩托车、蓝美达（Lambretta）摩托车作为代步工具。而且这些车种都有数不尽的改装套件，让摩兹文化的追随者有最个性化的表现。摩兹族的年轻人都把车装饰得非常华丽、亮眼，更突显自己穿着的流行度。由于摩兹族经常在繁忙的街道上穿梭前进、呼啸而过，引起路人的注视，所以也有人称这群人为"Scooter Boy"，英国人则称其为"Modern Cultures"，简称摩兹。

　　他们也像其他时尚流派一样遵循着"简就是繁"的定律。两或三粒扣深蓝色意大利式的短款西装、瘦腿裤、尖皮鞋、军绿色带帽子派克风衣成为摩兹族风格的典型标志。当时的超模崔姬（Twiggy）把这种摩兹造型（Mods look）带到了高级时装（High fashion）界，从而影响了世界范围的流行时尚。摩兹文化最初是由男子发起的一种亚文化群体，后来为了追求中性风格的着装理念，一些女孩子也逐渐加入进来。摩兹族们相当注意细节，甚至到近乎痴狂的地步，裤子的长度还有外套侧孔等小细节都必须分毫不差。更有很多男性摩兹族跨越性别偏见，用眼影、眼线笔、唇膏。女性摩兹族打扮都偏中性，短头发、穿男款裤子和衬衫（就像现在流行的Boyfriend style）、平底鞋、化淡妆（只是简单的粉底，喜欢用棕色眼影）。而迷你裙则更像是她们对父母承受能力的挑战，当时年轻女性对于裙长的原则是"只有更短没有最短"。

当时这样一群爱打扮、追求外表虚荣的年轻人经常出现在伦敦的咖啡吧或爵士俱乐部里。1962年，尼克·科恩（Nik cohn）写的名为*Today There Are No Gentlemen*的文章里将这类人群称为摩兹族（Mods）。但是，这并不是现实中的摩兹族形象。现在可以看到的摩兹族，大多是身穿派克大衣骑着小型摩托车的形象。这种形象的产生是因为他们要经常骑着摩托车，所以穿着贵重的西装或价格昂贵的休闲装就显得不太方便，所以他们经常穿着派克大衣，完全是出于实用的目的。这种所谓的"派克大衣"也就是美军曾经穿着的大衣，即Fish-tail M-51与Parka M-65这两种型号。当初第二次世界大战时英美是盟军，在英国很容易就可以买到二手的美军大衣。最初摩兹族穿这种美军大衣是为了骑车或修车时不让污渍沾染里面昂贵的西装，之后摩兹们便争相模仿，"派克大衣"也就成为摩兹最具代表性的装束（图5-12、图5-13）。

图 5-12　身着各种款式派克大衣的年轻摩兹族们

1962年，杂志*Town*作了专门介绍摩兹族亚文化的特辑，随后其他媒体也争相报道。由于媒体的介入，摩兹族在伦敦越来越流行。同时摩兹族的模仿者也越来越多，他们都尽可能地模仿其穿着打扮，使自己看上去就是真正的"摩兹"。在伦敦卡纳比大街上有家名为"John Stephen's His Clothes"的服装店，里面出售意大利风格、都市绅士风格等又酷又时髦的服饰品，成为摩兹族们经常光顾的地方（图5-14）。

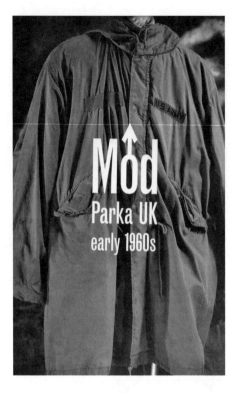

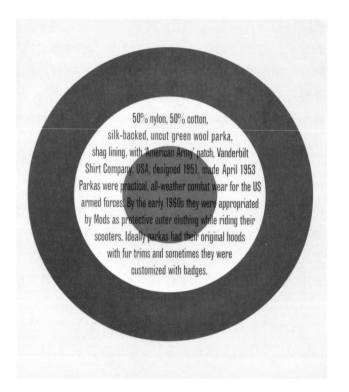

图 5-13　摩兹族造型中 Fish-tail M-51 与
　　　　 parka M-65 派克大衣

图 5-14　摩兹族标志

与此同时，身处摩兹族同一时代的年轻人也都将自己的裤腿边向上折起，并将裤线熨得笔直，在整体的着装风格上完全模仿着摩兹族的穿着方法。从1970年到现在，摩兹族的着装风格反复出现在街头时尚的舞台上，当代很多年轻人依然模仿着他们的打扮。

三、摇摆伦敦、迷幻音乐时尚（Swinging london）

1964年摩兹文化开始逐渐分化成为两个不同的新亚文化圈，一个叫"Hard mods"，而另一支则发展成了以后的"Skinhead"（光头党）。伦敦的卡纳比街❶是一条以出售年轻人时尚商品而出名的街道。这条街也是迷你裙、迷幻药以及其他60年代著名时尚产物的发源地。这条号称全伦敦最不羁、最邋遢的街道，有人把它形容成一个活生生的"街头文化"博物馆，但是它却是当时年轻人的时尚文化圣地（图5-15～图5-18）有人也称其为"摇摆伦敦"（Swinging London）。在这条街上，在古老的报亭前、在古老的裁缝店里，在路边的小咖啡馆里，永远聚集着穿着另类的年轻人，这条作为"Swinging London"发源地的古老街道，逐渐成为西方世界流行文化的中心。这条街上出售年轻人服饰的新店越开越多，出售着各种各样的新奇的时尚商品。这些服饰商品大多有着一个共同的特点就是它们都有着鲜艳而夺目的色彩。比如：有着平时无法想象的鲜艳色彩的太阳镜，带有"波普"抽象图案装饰繁

❶　Carnaby Street，伦敦 20 世纪 60 年代以出售时装著名的街道。

复的服饰。最具代表性的就是类似军装制服款式的服装，这些服装全部使用色彩鲜艳的丝缎或花缎作为面料，同时还在上边排列装饰各色的闪光纽扣。这种式样的服饰也是摇摆伦敦、迷幻音乐时尚的最明显的特征。摇摆伦敦、迷幻音乐时尚的审美意识与"Modernists"的"简即是繁"的观点正好相反，摇摆伦敦、迷幻音乐时尚风格的年轻人们喜欢装饰繁复的服装。20世纪60年代，无论在卡纳比街还是在皇帝大道（King road），都能看到成群的身着装饰华丽、色彩鲜艳服饰的年轻人。在这些年轻人的审美意识中，充满了强烈的"自恋"情结，不

图 5-15　20 世纪 80 年代初伦敦的 Swinging London & the Psychedelics

图 5-16　1967 年在伦敦著名的卡纳比街

图 5-17　1967 年在伦敦著名的卡纳比街

图 5-18　20 世纪 80 年代初 Swinging London & the psychedelics 的年轻人

但女性有着强烈的自恋倾向，男性也有同样的审美观念。这样的着装式样甚至成为暗示着"同性恋"倾向的服装。从此，中性服装（Unisex）意识的革命开始席卷整个世界流行时尚。

1966年前后，摇摆伦敦、迷幻音乐时尚为流行文化带来了一次狂潮，到处都被令人目眩的"波普流行艺术"，强烈的色调和花哨刺目、绚丽多彩的服饰所主宰。这一场景似乎把人们带入幻觉的世界，似乎眼前五彩斑斓的景象完全是幻觉。由此"迷幻"（Psychedelics）一词开始流行。

四、嬉皮士时尚（Hippies）

20世纪60年代是美国自第二次世界大战以来最为严肃的历史时期，源于物质生活的极大丰富和传统信仰的缺失。那时，年轻人的迷惘和其与日俱增的社会责任感产生了激烈的碰撞，在摇滚乐的催化下，年轻人开始融合在这个矛盾中并最终形成了那个时代最具代表性的文化现象。这种完全自发而纯粹精神性的运动就是所谓的嬉皮运动。20世纪60年代，嬉皮文化被看作是一个对常人社会有破坏性威胁的非主流文化。与其他亚文化群体一样，嬉皮文化也形成了一套自己的时尚与语言风格。一看到他们的发型、服饰，一听到他们的话语，就马上可以知道他们的身份。由20世纪60年代的这些亚文化群发展而来的俚语当中，有许多被更为广泛的社会团体所借鉴，现在就有很多年轻人在使用这些词汇。而大多数人没有意识到，他们使用的这些表达方式来自于50多年前的嬉皮文化（图5-19、图5-20）。

图 5-19　1971 年嬉皮士族在
皮卡迪利广场的爱神像下

图 5-20　嬉皮士们喜欢开着房车群居在
远离城市的乡村

图 5-21 墨西哥人的毛衣、扎染的发带也是
嬉皮士的最爱

在20世纪60年代，如果一个男人留着长发，就意味着他受到了"启蒙"。嬉皮士们还会穿图案抽象且色彩丰富的"扎染"服饰。浓重的色彩在嬉皮服饰文化中很流行，因为它们反映了嬉皮所追求的"迷幻"体验（图5-21）。从这一点就可以看出，嬉皮是从"迷幻风格"（Psychedelics）演化来的。他们最常见的饰物类型就是象征着爱的珠子，这些珠子被称为"爱之珠"。

20世纪60年代的精神是叛逆的，60年代的文化是叛逆的，60年代的生活也是叛逆的。20世纪在60年代的西方，这些被称为"嬉皮士"（Hippie）的年轻人蔑视传统、废弃道德，有意识地远离主流社会，以一种不能融合进主流社会的独特的生活方式来表达他们对现实社会的叛逆。由嬉皮士参加的以文化的反叛和生活的反叛为主要内容的反叛运动被称作"嬉皮士运动"。

嬉皮士运动最早可以追溯到20世纪50年代中期。在美国纽约等地，以奇装异服和怪异行为反抗传统的一些比尼基分子鼓吹远离社会，提倡"新生活""新文学"和"新艺术"，他们吸大麻、听爵士乐，反对传统的两性观念并创造了"Hip"这个词，开了嬉皮士文化的先河。

20世纪60年代，随着学生反叛潮的开始，嬉皮士运动逐渐形成规模，嬉皮士文化也蔚然成风。当时，许多年轻人以着奇装异服、留长发、蓄长须、穿超短裙、吸毒品、听爵士乐、跳摇摆舞、同性恋、群居等极端行为反抗社会和抗拒传统。嬉皮士的奇装异服通常是：把完好的衣服剪破，长裤剪成短裤，长袖剪成短袖，将红红绿绿的布条披挂一身。他们还喜爱自然朴素的破旧牛仔裤，光着脚或穿人字夹脚凉鞋，把牛仔服袖口、口袋、裤脚口拆成纤维状，在胸前背后装饰流苏饰边，服装面料喜欢用扎染、蜡染和手绘花朵图案以及手工绣花来装饰。除牛仔裤之外，带有神秘主义色彩的东方服饰也成为嬉皮士的最爱。20世纪60年代，旧金山成为嬉皮士的大本营，生活于旧金山的嬉皮士引领了这个时期西方社会嬉皮士的服饰潮流。在旧金山的嬉皮士主张东方哲学、不抵抗主义，喜欢诗歌、摇滚乐和使用迷幻剂。对东方哲学的热衷，对印度"圣雄"甘地的不抵抗主义的崇拜和对摇滚乐、迷幻剂的迷恋，使东方的干酪包布、彩色念珠、土耳其长袍、喇叭长裤成为嬉皮士的服饰标志。因此，当时嬉皮士最时髦的装束就是五颜六色的土耳其长袍、阿富汗外套、寓意"爱与和平"的印花图案及和平象征物与喇叭形牛仔裤、色彩缤纷的念珠相搭配，再加上必不可少的飘逸长发。

"伍德斯托克音乐节"代表了嬉皮运动的巅峰时期。1969年8月15日至17日，在距离纽约市西北70公里的贝瑟尔镇的迈克斯·亚斯格牧场举行了一场史无前例的音乐盛会。这次盛会的名字就是"伍德斯托克音乐节"。这次盛会是由四个背景各异的小伙子发起的，音乐会的动因是抗议越战，主题是"和平与博爱"。这是一次盛况空前的音乐节，来参加音乐节的年轻人将近45万人，是嬉皮运动史上规模最大的一次音乐节。这些嬉皮士们长发束带，穿着粗布蜡染衬衫、印染工装裤或喇叭裤，发疯般地随着震耳欲聋的音乐摇晃。他们一边吸食毒品，一边跟随音乐疯狂跳舞。他们试图以一种极端的方式寻求人类之爱与和平，而反叛意味十足的摇滚乐、毒品与性，构成了"伍德斯托克音乐节"精神的要素。由于"伍德斯托克音乐节"，嬉皮文化才被世界所关注。很多时装设计师受到嬉皮文化影响，将带有嬉皮元素的服装搬上时装的舞台（图5-22～图5-24）。

五、平头少年时尚（Skinheads）

1965年，摩兹（Mods）分裂为两股势力，即"Smooth Mods"（Peacock Mod）和"Hard Mods"（Gang Mods）。"Hard Mods"相比较而言头发更短，更接近工人阶级的身份。在1968年时，这些"Hard Mods"就被普遍称为"Skinhead"，也就是中文俗称的

图 5-22　D&G 在 1993 年春夏系列的嬉皮式样女装

图 5-23　1966 年的一款亚麻印花嬉皮风格的套装

图 5-24　D&G 在 1993 年春夏时装发布会上一款嬉皮式样服装的细节

图 5-25 Skinheads 的典型服饰

"光头党"。之所以称为光头党，是因为他们的发型多是近似光头的平头或者就是光头。这样的发型让他们工作时更方便。同时，这也是对当时中产阶级间流行的嬉皮文化的反抗。他们继承了摩兹族干净优雅的特征，也受到很多摇滚音乐的影响。从喜欢的音乐和生活方式来说，他们受摩兹族群和牙买加的"粗鲁小子"（RudeBoys）族群的影响很大，比如他们喜欢SKA雷鬼音乐❶等。早期平头少年时尚文化也是由音乐和时尚两部分组成，并不涉及政治和种族歧视。但渐渐地，对于种族和政治的态度成了平头族们标榜自己的标志，他们的政治思想从极左到极右都有。1969年，平头少年文化达到顶峰，很多摇滚乐队也接受了这种装束，并把它作为乐队推广的一种形式。此后，理查德·艾伦（Richard Allen）写的一本名为*Skinhead And Skinhead escapes*的书中更为这个群体赢得了世界范围内的广泛关注（图5-25、图5-26）。

图 5-26　1968 年的 Skinheads

---

❶ 是一种由斯卡（SKA）和洛克斯代迪（Rock Steady）音乐演变而来的牙买加流行音乐，也译作雷古、雷盖。

　　20世纪70年代的平头少年时尚与60年代的摩兹时尚相比，在服饰上有更多的不同，造型上也更多元化。比如高帮皮靴、紧身牛仔裤、飞行员夹克和T恤，并且对于品牌的热衷也更系统化。男性平头族的发型经常是近似于光头，胡子经过精心修剪。女性平头族发型在早期接近女性摩兹族，但后期更接近于朋克，有时甚至发型只是前面留一小撮头发。他们会穿着长袖、短袖衬衫或POLO衫、"V"字领套头毛衣、羊毛开衫、印有平头族文化相关的图片或标语的T恤。他们还钟爱Alpha或Warrior的MA-1款飞行员外套，颜色通常是黑色或军绿色。传统平头族有时也会选择西服套装。女性平头族还会选择短机车夹克来搭配短裙。裤子则基本上是Levi's、Lee、Wrangeler的牛仔裤，通常会挽裤脚以突出脚上的靴子和袜子，裤子颜色通常是蓝色的，并加入少许水洗做旧效果。鞋子是马丁靴（Dr.Martens）、Solovair牌的靴子或Adidas足球鞋。

　　从20世纪60年代起，"粗鲁小子"（Rude boys）与工人阶级中诞生的平头少年时尚一直影响到了今天的街头服饰，现在的很多年轻人街头时尚风格都受到了他们的装扮风格的影响。这些"工人阶级服装"风格的服装经过多年的改良，用料与设计在细节上都会有一些变化，但是平头族们仍然戴着背带，穿着马丁靴，并将平头少年时尚精神一直保留至今（图5-27、图5-28）。

图 5-27　Skinheads 的 MA-1 款飞行员外套　　　　　图 5-28　1971 年 Skinheads 的牛仔装扮

glam

图 5-29　1973 年大卫·鲍维尔专辑
Sorrow 的封面，鲍维尔身着华丽的服装
和厚底鞋

六、华丽摇滚时尚（Glam）

所谓华丽摇滚是硬摇滚的一个分支，它产生于20世纪70年代的英国。华丽摇滚时尚又称"格兰姆风格"（Glam），是受华丽摇滚乐影响而产生的服饰文化，其特点是性别模糊的装扮、华丽戏剧化的台风和颓废慵懒的服饰风格。"Glam"一词来自Glamour，原意是指魔法与魅力。华丽摇滚时尚最著名的代表人物就是被称之为"乐坛变色龙"的大卫·鲍维尔（David Bowie）（图5-29）。

20世纪60年代末，世界正处于文化与政治的巨大动荡中，宣扬"爱与和平"的嬉皮士们通宵的反战聚会已在不知不觉间转变为通宵的大麻聚会。整个西方社会从哲学、文学到音乐领域形成了一股强劲的反主流文化浪潮。这个时期的年轻人摒弃理智、感召激情，把无所顾忌的情绪发展到极端，嬉皮文化便开始走向衰落。就在朋克诞生之前，另一种反主流的文化形式派生出来，这就是格兰姆风格。相对音乐来说，华丽摇滚时尚更注重喜剧效果和艺人自身的舞台魅力（图5-30）。

提起华丽摇滚时尚，人们总会先想到大卫·鲍维尔

图 5-30　1987 年的 Glam 们

（David Bowie）。华丽摇滚真正对时尚界产生影响，还是始于1973年大卫·鲍维尔的大红大紫。他以修身长裤、燕尾服式的外套、袖口的荷叶边，赢得了当年最佳着装男士的称号。鲍维尔的中性装扮和歌词中浓郁的奇幻氛围在青少年中迅速流行。他更具代表性的特点就是他的化妆和夸张的造型。鲍维尔的化妆手法和演唱风格一样，都非常华丽和大胆。他曾是默剧大师琳赛·凯普（Lindsay Kemp）的学生。在他的专辑《出卖世界的男人》封面照片上，他穿了一条紫花长裙。大卫·鲍维尔所创造的视觉冲击力可能比他的音乐影响力更令人铭记。1998年由伊万·麦克格雷格（Ewan McGregor）主演的电影《天鹅绒金矿》（Velvet Goldmine）便是取材自大卫·鲍维尔，甚至电影的名字也是出自大卫·鲍维尔专辑中的曲目。影片以绚烂的表现主义手法以及贯穿全剧的妖艳摇滚装束再现了那个辉煌灿烂却又颓废偏激的格兰姆时代。该片荣获第71届奥斯卡最佳服装设计奖。

　　就像电影中的摇滚歌手们一样，格兰姆风格的年轻人打扮得香艳妩媚，都穿着装饰有闪石、亮片的丝绸华丽服饰。这种风格典型的服饰有布满闪亮装饰的丝绸衬衣、意大利的紧身丝绸裤和黑色领巾以及黑色皮大衣。为配合这种服装，他们会穿上厚底的平底鞋，最厚的鞋底可达6cm，鞋跟则高达15cm。他们所穿着的服装面料多样、色彩丰富、鲜艳，还经常采用蛇皮来制作，以达到炫目的效果。为了创造惊奇的视觉效果，甚至搭配妖艳露骨的豹纹外套，披着羽毛披肩。他们效仿洛可可时代男人的装束，男性也化着女人的红唇与眼影，有意混淆性别。

　　而这种昙花一现的盛景只不过维持了十年左右的时间，就被更温和、更平民化的新浪漫风格（New Romantic）所取代。但华丽摇滚风格对于时装界的影响却远远不止十年。其实，薇薇安·维斯特伍德（Vivienne Westwood）所擅长的朋克风格的设计也是受到了更早期华丽摇滚风格的影响。20世纪90年代和21世纪初，亚历山大·麦克奎恩（Alexander McQueen）设计的女装系列中重新诠释了荷叶边装饰，颠覆了传统观念对于花边蕾丝"柔弱与女性化"的定义，呼应了华丽摇滚风格对荷叶边装饰的偏爱。时装设计大师范思哲（Gianni Versace）在其很多女装设计系列中则更多地使用了华丽摇滚风格的设计元素（图5-31、图5-32）。

图 5-31　1990 年范思哲设计的Glam 风格的高级女装

图 5-32　1990 年范思哲设计的 Glam 风格的晚装

七、朋克时尚（Punk）

朋克（Punk）是兴起于1970年代的一种反摇滚的音乐力量。"Punk"一词（俚语）被解释为小流氓、废物、低劣等意思，最初这个词是在英国出现的。朋克音乐刺耳粗陋，朋克族的服装都是廉价、粗陋的。朋克族成员最初主要是失业者、辍学和在校的学生。但这场起初只是一种年轻人的叛逆运动，20世纪70年代却成了英国最有影响力的亚文化势力之一。20世纪70年代中期，在经济不景气和特殊的社会政治背景下，英国社会"底层"青年人中间产生了由失业者和辍学的学生组成的反传统主义的"工人阶级亚文化"群体，这就是所谓的朋克集团。他们用自己特立独行的装束风格彰显自己，表明其与主流文化及其他青年亚文化圈的不同。他们拒绝权威，提倡消除阶级，崇尚"性和颠覆"，其影响的不仅是传统意义上的音乐，更是一种对时尚和时髦的抗拒和反叛，由此产生了一种服装的流行风格即朋克风格（Punk Style）。

朋克风格的起源实际上来自平头族。朋克文化逐渐从舞台走向生活，他们开始在表演以外的各个层面表现他们彻底革命的决心。他们穿上磨出窟窿、画满骷髅和美女的牛仔装；男人们梳起鸡冠头（莫西干发型），女人则把头发剃光，露出青色的头皮；他们鼻子上穿洞挂环，身上涂满靛蓝的荧光粉。朋克族们力图通过服饰表现他们的与众不同，表现他们的叛逆，表现他们对这个现实社会的不满。作家爱丽斯洛瑞认为朋克风格的渊源在于"服装的语言"。朋克们喜穿黑色的皮夹克与缝有金属纽扣和多余拉链的牛仔裤，T恤上常印着粗俗的字眼、暴力或色情图案，故意撕破或弄脏的戴着特大号安全别针的衣服，暴露出来的暗淡不健康的皮肤通常还有擦伤与抓痕。他们最爱的一个饰物是狗或自行车的链条，可以绕在脖子上或拴在腿上。朋克女孩的装束出现了短裤、一边撕开的裙子、紧身羊毛衫和高跟凉鞋。发型也是朋克造型的焦点之一。莫西干发型和非自然色彩的头发颜色为其主要风格特征，他们的头发常常是非常黯淡的黄色，有时也有红色 、绿色、橙色或淡紫色。他们把头发尽可能地弄得很高，染着各种各样的颜色，像莫西干人（北美印第安人的一个分支）的发型。同时，朋克族们也常常在有雀斑的苍白面孔上化上乌黑的烟熏妆以及黑色的口红，服装则以红黑白为最受欢迎的颜色。他们在耳朵、鼻子、脸颊和嘴唇等部位用安全别针和撞钉穿孔，文身，表现得十分另类，以此来反对传统社会（图5-33～图5-35）。

提到英国的朋克文化，就不能不谈到有"英国朋克之父"之称的马尔科姆·麦克拉伦（Malcolm Mclaren）。马尔科姆·麦克拉伦在1975年组建了"性手枪"乐队（The Sex Pistols），此乐队是英国朋克革命的急先锋。马尔科姆·麦克

图5-33　20世纪70年代末80年代初的Punk造型

拉伦和维维安·韦斯特伍德（Vivienne Westwood）在伦敦还经营一家名为"性"的精品店（图5-36、图5-37）。他们完全颠覆了当时的审美观念，提出"冲突打扮"（Confrontion dressing）的着装理念。将旧衣服重新穿上，运用撕裂拉扯的破碎效果，别上许多别针，再搭配一顶优雅的黑色绅士帽。如此矛盾与不协调却反而让人感觉创意十足，当然也带动了伦敦街头的流行文化。1974年，伦敦的切西区开了一家专卖20世纪50年代服装的名为"摇起来"的商店，店主就是马尔科姆·麦克拉伦。马尔科姆·麦克拉伦当时的女朋友就是现在被誉为"朋克之母"的维维安·韦斯特伍德。就是她使朋克风格成为继嬉皮之后的又一流行青年运动，也使伦敦的国王路（King Road）成为世界著名的朋克风景线。许多人将维维安·韦斯特伍德对时装界的贡献总结为：将地下和街头时尚变成大众流行风潮。维维安·韦斯特伍德设计的所有服装都彰显着浓郁、纯正的英伦朋克风格。她最初的"奴役"（Bondage）系列服装，将施虐与受虐用具运用到服装中。她还一直竭力支持街头文化，在改革服装领域内一直走在前列。譬如她于1981年设计的"海盗系列"，便预示了新浪漫主

图5-34　20世纪80年代初伦敦的Punk青年

图5-35　1980年伦敦国王大道的女Punk

图 5-36　"性"的精品店的形象模特
穿着典型的 Punk 装

图 5-37　1976 年两名 Punk 穿着用
垃圾袋制作的衣服

义服饰的来临。其他有影响的系列作品还有"女巫"（Witches，1983 年），用尼龙制成雨衣和运动鞋；1985 年的圈环超短裙、裙撑和紧身胸衣；1987 年的哈马斯粗花呢系列服装；1989年传奇般的松糕鞋。

　　美国歌坛著名歌手麦当娜也是朋克时装潮的代表人物，她曾将英国著名的朋克时装品牌Pauric Sweeney其中一季的秋冬系列服饰全部买下。同时代的还有一位名叫赞德拉·罗德斯（Zandra Rhodes）的英国女性服装设计师对朋克服装进行了改良，并吸取了朋克风格的一些元素将其运用在她的服装设计中。通过运用一些明亮的颜色，使朋克风格呈现出精致而且优雅的特征，更多地得到富人和名人的接受与认同。她用金制的安全别针和金链子连接和装饰服装的边缘、一些小的部位及故意撕裂的破洞，再在这些精心撕裂的破洞边缘用金线缝制，装饰上精美的刺绣。

　　早期的朋克风格经过后期的取舍加工从而成为时尚流行中的一种元素，范思哲（Versace）品牌也在女装中使用了大号安全别针做装饰（图5-38）。如影星莉兹·赫莉（LizHurley）在影片《四个人的婚礼和一个人的葬礼》中，就穿着系有金制安全别针的一套棉质薄纱和卢勒克司织物（Lurex）制成的范思哲黑色紧身晚礼服。朋克风格的出现在当时本是反时尚和反保守的，而今朋克独有的风格和式样已经汇入主流的设计理念中。朋克风格甚至成为高级时装的设计灵感源，主流时尚和街头风格之间相互影响，时装设计师们把朋克服装的不同元素运用于设计中，为服饰潮流的发展注入了新的力量。在2001年法国巴黎春夏时装周上，约翰·加利亚诺（John Galliano）在为迪奥品牌（Christian Dior）设计的春夏系列中，运用迷彩图案，并与塑胶、皮革、牛仔布或印花丝绸、传统格花呢等对比组合，将朋克风格和街头元素结合。同样，在2003年法国巴黎秋冬时装周上，加里亚诺也在服饰中加入了朋克及一些街头风格。在21世纪，带有独特风格的青年亚文化在某种程度上已经成为时尚的源头之一。朋克和Hip-Hop以及另外一些亚文化风格相互融合，被越来越多的当代年轻人所接纳和吸收，朋克的形象已经广泛流通于全世界，当代青年的着装风格中多多少少都流露着朋克风格的影响（图5-39）。

trickle down bubble up **9**

图 5-38　1994 年范思哲设计的
　　一款 Punk 风格晚装

图 5-39　1993 年日本东京涩谷的 Punk 青年

八、哥特时尚（Goths）

新浪漫主义风尚的元素经常被流行音乐人、时尚业界所借鉴，因此逐渐丧失了街头服饰的特征。基于这样的背景，萌生出了一个小的团体，这个新的亚文化团体以黑色为基调，逐渐向着阴郁的方向发展。这个团体里的年轻人崇尚朋克的虚无主义和新浪漫主义的奢华，他们觉得自己是存在于黑暗中不死的灵魂，并且在他们中间总充斥着不祥的预感，他们强调黑暗且带有阴郁感的服装造型。这个新生的年轻人团体就是"哥特风尚"（Gothic）。

这种风尚最初出现的地点同新浪漫主义风尚出现的地点一样。这两种街头亚文化现象最初都出现在名为"Batcave"的夜店。在这里举办的名为"Bowie night"的大派对中，新浪漫主义风尚第一次被关注，在1981年又在这里出现了哥特风尚（图5-40）。

哥特风格的年轻人永远穿着黑色天鹅绒的服装，服装充满了蕾丝和网状装饰物。同时服装中还大量使用皮革，系得很紧的蕾丝紧身胸衣以及带有别针的极高的高跟鞋，佩戴着宗教或神怪电影风格的银质首饰，头发染成黑色并做成很高的发型。脸被涂得像死人一样苍白，眼睛和嘴唇上使用像血液一样的红色或黑色的唇膏，深红色和紫色相搭配的眼影，男女都穿着同样的服饰，是哥特风尚的重要特点（图5-41）。

图 5-40　20 世纪 80 年代 "Batcave" 门口
Goths 造型的年轻人

图 5-41　1984 年穿着带有黑色蕾丝
服装的 Goths 女子

其实 "哥特式"（Gothic），是文艺复兴时期意大利人对中世纪建筑等艺术现象的贬称，含有 "野蛮" 的意思，语源则来自于日耳曼的哥特族（Goth）。在公元13～15世纪，这个词被用来形容那个时期的欧洲服饰风格。20世纪80年代出现的哥特风尚在造型上与传统的欧洲哥特服饰有着很大差异。80年代的哥特风尚的起源其实是与流行音乐密不可分的。

提起哥特文化形象，不得不提夜店 "Batcave"。当时这所夜店中聚集的是一群极端标新立异的 "黑暗" 分子，曾经是20世纪80年代后期朋克、哥特文化的焦点所在。

哥特造型永远是黑色或者是暗色系列的衣服，佩戴着很多显眼的宗教饰物，却永远不戴金首饰。但他们几乎天天改变 "信仰"。哥特族们性格上其实是不善交际的。从某种意义上讲，朋克批判一切，哥特看破一切。朋克认为白天也是黑夜，哥特只喜欢黑夜。朋克喜欢黑色，哥特喜欢黑色和白色。朋克以身体强壮为美，哥特以讲究身体曲线为美。哥特的服装一般是较宽松的暗色，例如紫、暗蓝、黑，任何黑色的东西或其他暗色都是哥特一族的最爱。

哥特族不爱在衣服上打钉而是喜欢加些金属制品。薄尼龙或渔网状面料可以隐晦地露出皮肤。苍白的皮肤也是哥特造型里最重要的元素。这可能是因为他们需要营造出一种活死人的外表，也可能是因为想体现维多利亚时代关于"苍白的皮肤是贵族的标志"这一审美，也可能是为了反对80年代最流行的沙滩文化里"太阳晒出的古铜色才是美"的健康理论。他们头发的颜色是黑发加上一点点漂白过的极浅的金发、红发或紫发。化妆则是黑白系化妆，白色粉底、黑唇膏、黑眼影、细眉。他们也很喜欢穿自我束缚的服饰，比如紧身胸衣。配饰上他们钟爱宽领带或带钉子的项圈甚至紧紧系在脖子上的丝绒绳，T形十字章（古埃及关于永恒生命的标志），五角星（这是异教徒关于火、土地、空气、水、灵魂的符号），十字架（基督教的象征），还有歌剧风格的披肩、斗篷和长手套也是他们的最爱。

　　到了20世纪90年代，哥特音乐开始不那么流行，但哥特文化却开始大规模流行。那时恰逢好莱坞以哥特文学为背景的恐怖电影复兴。在一系列卖座影片如《剪刀手爱德华》《吸血僵尸惊情四百年》《夜访吸血鬼》里，明星约翰尼·德普、薇诺娜·赖德塑造的形象都有苍白秀丽的容貌和哥特式样的装扮，因此也使哥特风格的服饰更加流行。伴随这类题材电影的热映，哥特文化也被注入了新的兴奋点。2001年，随着史诗般的魔幻大片《指环王》在全球获得空前成功，哥特文化横跨东西，成为全球的关注热点。于是，各主流时尚杂志纷纷预言哥特风时装将引领新的潮流，设计师们也都把哥特元素作为设计的灵感。2003年在古驰（Gucci）的秋冬时装秀上，不但秀场的布置和舞美都营造了阴郁的哥特气氛，设计师汤姆·福特（Tom Ford）还让模特们在脖子上挂起黑色十字架，扎上黑色宽领带，穿上黑色束腰缎子大衣、黑色斜裁长袍，向人们展示了他既优雅而又性感的新一季哥特风格女装系列。美国品牌拉尔夫·劳伦（Ralph Lauren）也在其时装作品发布中展现了哥特风格的设计。模特们身着长长的牧师披风、拖地鱼尾裙，脖子上系着哥特族们典型的黑色丝带，哥特式的菱形耳环在行走中摇曳生辉，整个设计系列浪漫而富有韵味。迪奥（Dior）的一个珠宝展示会也选择了哥特风格作为主题，不但将展示会的会场置成了一所阴森的城堡，而且还将发布会命名为"吸血鬼的舞会"。如此，哥特服饰风格经过设计师的改良，早已从街头亚文化现象变成了时尚的新潮流（图5-42）。

图5-42　1992年约翰·加利亚诺设计的Goths风格时装

思考题

1. 简述20世纪服饰发展的多元化特征。

2. 列举几种20世纪的街头服饰风格。

参考文献

［1］The Kyoto Costume Institute. FASHION-A History from the 18th to the 20th Century ［M］. TASCHEN, 2012

［2］Avril Hart, Susan North. Historical Fashion in Detail ［M］. V&A Publications, 1998.

［3］Melissa Leventon. Fashion Details: A Historical Sourcebook ［M］. The Ivy Press, 2016.

［4］Rebecca Rissman. A History of Fashion ［M］. Essential Library, 2015 .

［5］王绍良. 西洋服装史［M］. 北京：高等教育出版社，2005.